Sevvel P.
Gunasekaran J.

Análise de sensibilidade e otimização de parâmetros durante a FSW de ligas de Mg

Sevvel P.
Gunasekaran J.

Análise de sensibilidade e otimização de parâmetros durante a FSW de ligas de Mg

ScienciaScripts

Imprint

Cover image: www.ingimage.com

This book is a translation from the original published under ISBN 978-620-8-11967-6.

Publisher:
Sciencia Scripts
is a trademark of
Dodo Books Indian Ocean Ltd. and OmniScriptum S.R.L publishing group

120 High Road, East Finchley, London, N2 9ED, United Kingdom
Str. Armeneasca 28/1, office 1, Chisinau MD-2012, Republic of Moldova, Europe
Printed at: see last page
ISBN: 978-620-8-27877-9

RESUMO

Nos últimos anos, a procura crescente de redução do consumo de combustível e dos custos relevantes conduziu à necessidade de substituir peças e componentes de maiores dimensões por ligas de metais mais leves, tanto no sector aeroespacial como no sector automóvel. As ligas de Mg (magnésio) tornaram-se um dos materiais preferidos para o fabrico de estruturas leves relacionadas com o sector aeroespacial e automóvel, devido à sua rigidez mecânica superior, reciclabilidade eficiente, menor densidade, facilidade de maquinação, resistência exemplar à temperatura ambiente, etc. Por exemplo, o AZ80A, uma liga de Mg tratável termicamente, tem sido amplamente utilizado para o fabrico de peças e componentes relevantes para a indústria aeroespacial e automóvel de resistência superior, incluindo cubos de rotores e caixas de velocidades de helicópteros, peças de supercarregadores, quadros de motociclos, peças de motores de automóveis, rodas de estrada, etc.

As ligas de magnésio (Mg) possuem um potencial exemplar para substituir as peças e componentes à base de cobre, alumínio e aço nos sectores automóvel e aeroespacial devido à sua densidade reduzida em combinação com uma resistência superior, um grau excecional de capacidade de fundição, uma maior condutividade térmica, uma magnífica propriedade de blindagem baseada na interferência electromagnética e uma capacidade de amortecimento distinta.

Ao mesmo tempo, as ligas de Mg não podem ser soldadas facilmente através do emprego de técnicas de soldadura por fusão. Outros problemas relacionados com o emprego de técnicas de soldadura baseadas na fusão para soldar ligas de Mg incluem a fusão parcial, fissuras, porosidade, etc., que surgem durante a sua solidificação, o que degrada a resistência das juntas soldadas. Assim, prevalece uma necessidade inevitável de identificar uma técnica de soldadura fiável e adequada para unir as ligas de Mg para aumentar a sua utilização nos sectores aeroespacial e automóvel. Assim, prevalece a necessidade de identificar uma técnica de soldadura adequada para unir ligas distintas de Mg sem comprometer a qualidade e a resistência da soldadura.

A soldadura por fricção (FSW), um processo de soldadura de estado sólido sem fusão, utiliza uma ferramenta rotativa não consumível com um perfil de pino único, que se estende para além da linha de junta a partir do ombro da ferramenta, para soldar os metais. A junta é obtida devido à rotação subseqüente e ao movimento frontal do pino da ferramenta ao longo da linha de junta, gerando calor baseado em fricção, plastificando assim os metais em ambos os lados da linha de junta, abaixo do seu ponto de fusão. Uma vez que a junção das ligas metálicas é conseguida antes do seu ponto de fusão e o processo FSW diminui o volume das tensões térmicas induzidas nas ligas metálicas, as juntas fabricadas pelo processo FSW revelaram-se isentas de várias falhas, incluindo fracturas a quente, retração, porosidade, poros excessivos, cortes inferiores, afundamento do banho de soldadura, etc., tornando-o assim o processo de soldadura mais adequado para unir ligas distintas de Mg.

Ao mesmo tempo, a obtenção de juntas de qualidade superior, sem defeitos, utilizando a técnica FSW, depende em grande medida da identificação da combinação adequada dos seus parâmetros. A seleção inadequada dos parâmetros do processo FSW tem conduzido à geração de juntas de qualidade inferior com vários defeitos, incluindo o excesso de rebarba na linha da junta, a porosidade, os furos de pinos, os vazios, etc. Tradicionalmente, a combinação ideal dos parâmetros do processo FSW, ou seja, a otimização dos parâmetros do processo FSW, era realizada através de métodos de tentativa e erro, que consumiam muito tempo e as juntas soldadas tinham de ser verificadas com frequência para determinar se cumpriam ou não os requisitos. Ao mesmo tempo, as técnicas estatísticas e numéricas de otimização recentemente desenvolvidas revelaram-se muito eficazes e consomem um tempo mínimo.

A maioria das técnicas de otimização estatística e numérica utiliza vários aspectos devido aos objectivos correlacionados, à melhoria dos atributos de qualidade, etc. Estes objectivos relacionados são optimizados de forma síncrona através do emprego de um modelo numérico de ordem 2nd da área limite óptima. Os atributos de qualidade de ponderação foram definidos com base no seu significado idiossincrático e nos julgamentos relacionados com a melhoria dos factores do processo. Foram registados vários trabalhos experimentais relativos ao emprego de técnicas estatísticas e numéricas durante o FSW de ligas distintas de alumínio (Al). No entanto, os trabalhos experimentais realizados para otimizar os parâmetros de processo durante a FSW de ligas de Mg são escassos e prevalece uma necessidade inevitável de antecipar a combinação ideal de parâmetros de processo durante a FSW de ligas distintas de Mg e de desenvolver um modelo numérico bem estabelecido baseado na otimização multi-objetivo, abordando variáveis de resposta com objectivos diversificados.

Vários trabalhos experimentais utilizaram ferramentas matemáticas distintas para otimizar os parâmetros durante o FSW de ligas de Al e a maior parte deles foram estratégias de otimização baseadas numa única resposta. Nesta era moderna de fabrico rápido e redução de custos, juntamente com a maximização da utilização, os processos complexos possuem vários atributos baseados na qualidade e tais cenários exigem normalmente o emprego de estratégias de otimização de resposta múltipla. Assim, neste trabalho experimental, foi utilizada a Análise Relacional Cinzenta (ou seja, GRA).

Nesta investigação experimental, tentou-se formular um modelo numérico multi-objetivo baseado em Central Composite Design (CCD), utilizando a técnica de análise relacional cinzenta, para otimizar os parâmetros dependentes da ferramenta (nomeadamente a velocidade de deslocação da ferramenta, a sua velocidade de rotação e a geometria do pino) durante a FSW de ligas distintas de Mg, nomeadamente AZ80A e AZ31B Mg, sendo as respostas a resistência à tração e a percentagem de alongamento das juntas.

Antecipar os impactos de pequenas alterações nos atributos relacionados com o projeto é uma parte vital dos cenários relacionados com o projeto de engenharia. Assim, através de um sistema de previsão modelado numericamente, é possível determinar o impacto de algumas modificações nos atributos em relação ao objetivo global baseado no modelo. Esta categoria de exame foi designada por análise de sensibilidade baseada no projeto. Até à data, não foram realizados trabalhos experimentais que se concentrem na análise baseada na sensibilidade dos parâmetros durante a FSW de ligas de Mg e nos requisitos relacionados com a sua afinação fina para obter juntas de liga de Mg de qualidade superior.

Neste trabalho experimental, foi feito um esforço para construir relações empíricas entre os parâmetros do processo FSW e a resistência à tração das juntas de liga de Mg obtidas, com base nos dados de investigação gerados pela análise fatorial baseada em 6 parâmetros - 5 níveis. Neste trabalho, as equações numéricas que ilustram os parâmetros do processo FSW foram formuladas com base numa análise de regressão quadrática e as equações relacionadas com a sensibilidade foram estabelecidas a partir destes modelos numéricos. Normalmente, para realizar uma análise baseada na sensibilidade, é necessário definir uma função objetivo e os parâmetros do processo utilizado.

Neste trabalho, a função baseada no objetivo foi selecionada como a resistência à tração das juntas da liga AZ80A Mg obtidas e 6 parâmetros do processo FSW (nomeadamente a velocidade de rotação da ferramenta, a velocidade de deslocação da ferramenta, a força exercida axialmente para baixo, o diâmetro do ombro e do pino da ferramenta utilizada e a dureza da ferramenta) foram tomados em consideração como variáveis relacionadas com o projeto. Este trabalho experimental tem como objetivo determinar as caraterísticas relacionadas com a sensibilidade dos parâmetros do processo FSW e prever os pré-requisitos relacionados com a afinação fina destes parâmetros durante a FSW das ligas de Mg AZ80A. Este trabalho também tem como objetivo fornecer um mapa detalhado das caraterísticas de sensibilidade relevantes para a FSW das ligas de Mg AZ80A.

ÍNDICE DE CONTEÚDOS

LISTA DE SÍMBOLOS E ABREVIATURAS

α	-	Alpha
Al	-	Aluminium
ANSI	-	American National Standards Institute
ASTM	-	American Society for Testing and Materials
ANOVA	-	Analysis of Variance
β	-	Beta
CCD	-	Central Composite Design
CTE	-	Coefficient of Thermal Expansion
CP	-	Compression Ratio
°	-	Degrees
EMI	-	Electro Magnetic Interference
EBW	-	Electron Beam Welding
EPMA	-	Electron Probe Micro-Analyzer
FSW	-	Friction Stir Welding
GMAW	-	Gas Metal Arc Welding
GTAW	-	Gas Tungsten Arc Welding
GRC	-	Grey Relational Coefficient
GRG	-	Grey Relational Grade
HCP	-	Hexagonal Close Packed
HSS	-	High Speed Steel
IMC	-	Inter Metallic Constituents
IACS	-	International Annealed Copper Standard
ISO	-	International Organization for Standardization
kN	-	kilo Newton
LBW	-	Laser Beam Welding
Mg	-	Magnesium

MIG	-	Metal Inert Gas
Mt	-	Metric tons
%	-	Percentage
RFI	-	Radio Frequency Interference
RSM	-	Response Surface Methodology
RPM	-	Revolution Per Minute
SEM	-	Scanning Electron Microscope
TWI	-	The Welding Institute
Ti	-	Titanium
TIG	-	Tungsten Inert Gas
UNS	-	Unified Numbering System
US	-	United States

CHAPTER 1

INTRODUÇÃO AO MAGNÉSIO

1.1 MATERIAIS LEVES

Uma das considerações mais importantes deste mundo moderno é otimizar a utilização dos recursos que temos disponíveis em quantidade limitada. Em todo o mundo, o aumento do nível de emissão de gases com efeito de estufa (especialmente o dióxido de carbono) nas últimas décadas e a escalada da temperatura a nível global sensibilizaram os líderes mundiais, os ambientalistas e os industriais para tomarem e adoptarem medidas prudentes imediatas para reduzir o volume de emissão de gases com efeito de estufa, de modo a salvaguardar o nosso planeta e a sua atmosfera (Tharumarajah & Koltun 2007). Para além disso, a escalada espantosa do preço do petróleo bruto nas últimas décadas perturbou muito os industriais.

O gráfico ilustrado na Figura 1.1 (Satya Prasad *et al.* 2022) retrata a escalada do preço médio anual do barril de petróleo bruto nos últimos 20 anos. A recente regulamentação rigorosa contra a emissão de gases com efeito de estufa provocou uma revolução na estratégia de pensamento dos vários sectores industriais e levou-os a procurar soluções alternativas. Isto, por sua vez, desencadeou uma necessidade urgente de empregar metais e materiais leves em substituição dos metais tradicionais e estes materiais leves devem possuir uma resistência reforçada e devem apresentar um melhor desempenho durante cenários diversificados em várias aplicações baseadas na engenharia.

A utilização de materiais leves para o fabrico de componentes e peças relevantes para o sector automóvel foi uma alternativa exemplar aos materiais tradicionais, uma vez que a utilização destes materiais leves melhorou a eficiência dos automóveis em causa e provou também diminuir o nível de emissão de dióxido de carbono. Esta redução das emissões de dióxido de carbono dos automóveis foi conseguida em resultado da redução da massa total dos automóveis, devido à utilização destes materiais leves (especialmente o magnésio). Esta eficiência melhorada também provou ser muito económica para os consumidores, uma vez que reduz o consumo de combustível, diminuindo assim a carga sobre os recursos limitados disponíveis (Bian *et al.* 2015).

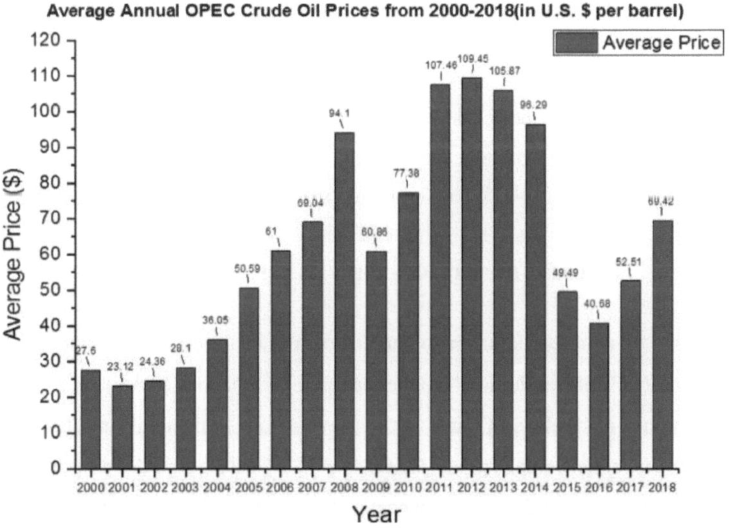

(Fonte: Satya Prasad *et al.* 2022)

Figura 1.1 Preços médios anuais do petróleo bruto por barril nos últimos anos em termos de dólares americanos

Como exemplo baseado na imaginação, se o peso total de um automóvel

(por exemplo, um modelo de passageiro) baixar para cerca de 10%, é possível poupar cerca de 20% a 20% de combustível sem grandes alterações na conceção dos veículos automóveis. Consequentemente, os materiais leves ganharam importância no que diz respeito à conceção de várias peças, estruturas e componentes automóveis e também ganharam atração durante o fabrico destes vários componentes automóveis.

Para atingir um peso leve, um fator significativo é a identificação do material adequado, as suas caraterísticas e as suas aplicações relevantes. Entre os vários materiais em desenvolvimento, o magnésio (i.e., Mg) e as suas ligas provaram ser um dos materiais mais leves quando comparados com os seus homólogos, i.e., ligas de alumínio (i.e., Al) e aços de alta resistência (Huang *et al.* 2015). Como resultado, o Mg e as suas ligas foram amplamente preferidos para o fabrico de várias peças, estruturas e componentes automóveis, incluindo vigas do painel de instrumentos, volantes, exterior do veículo, interior, grupo motopropulsor, componentes do chassis e muito mais, que podem apresentar um desempenho superior durante um período mais longo e podem também ser facilmente reciclados.

1.1.1 Tendências de mercado - Ligas de Mg

O tamanho do mercado mundial para as ligas de Mg foi estimado em cerca de 6,63 biliões de dólares americanos (i.e., Estados Unidos) no ano de 2027, como ilustrado na Figura 1.2, e prevê-se que aumente a uma taxa de crescimento anual composta (i.e., CAGR) de 9,89% nestes períodos antecipados (Kainer & von Buch 2003). As ligas de Mg são utilizadas no fabrico de uma grande variedade de peças, acessórios, componentes, equipamentos e dispositivos, incluindo peças fundidas de transmissão, estruturas de ventiladores de motores a jato, mísseis e componentes de naves espaciais, etc. Consequentemente, prevê-se que o aumento das despesas nos sectores baseados na defesa e a exigência de aeronaves comerciais novas e inovadoras continuem a ser um dos principais factores de crescimento do mercado (Luo *et al.* 2012).

De acordo com o artigo recentemente publicado pela Boing, é provável que a América do Norte tenha cerca de 9.200 novas entregas de aviões até 2037, 2nd mais elevadas precedidas pela Ásia-Pacífico. Além disso, prevê-se que a prioridade para veículos automóveis e aeronaves eficientes em termos de combustível aumente o emprego de materiais leves como o magnésio, aumentando assim a procura baseada no produto.

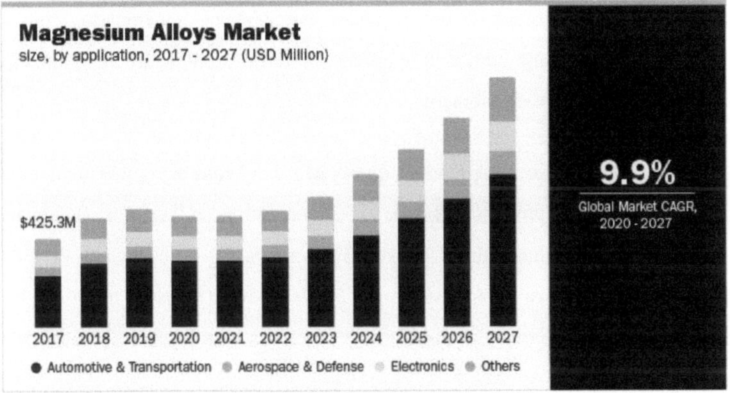

(Fonte: Kainer & von Buch 2003)

Figura 1.2 Dimensão do mercado mundial das ligas de Mg prevista até ao ano 2027 em termos de mil milhões de dólares americanos

Além disso, o mercado automóvel dos Estados Unidos da América foi considerado um dos maiores mercados de todo o mundo e registou uma venda de cerca de 17,1 milhões de unidades no ano de 2018. Também ganhou quase cerca de 114,5 bilhões de dólares americanos de investimento direto estrangeiro no setor automotivo. Esperava-se também que estes factores tivessem um maior impacto positivo no crescimento do mercado dos materiais mais leves, como o magnésio, nos próximos anos (Simanjuntak *et al.* 2015).

1.1.2 Procura no mercado de magnésio

A utilização crescente de materiais leves nas indústrias baseadas no sector automóvel é uma das principais causas que impulsionam esse mercado relevante para um nível mais elevado. Além disso, a popularidade crescente das ligas de Mg em vários outros domínios, incluindo o fabrico de implantes artificiais para seres humanos, e as aplicações crescentes do material nos sectores aeroespacial, médico e da defesa deverão impulsionar o crescimento das indústrias relevantes (Nie 2012). O mercado automóvel, bem como o aeroespacial, foi impulsionado pela escalada no fabrico de componentes e acessórios relacionados com a engenharia, juntamente com a procura constante de capacidades relacionadas com o amortecimento de vibrações.

Além disso, verificou-se que o Mg e as suas ligas possuem uma resistência superior, uma durabilidade excecional, um peso leve, uma fluência a temperaturas extremas, uma resistência apreciável à corrosão e uma condutividade térmica (Uematsu *et al.* 2009). Devido a estas propriedades exemplares, prevê-se que a necessidade de Mg e das suas ligas cresça de forma tremenda.

As ligas de alumínio eram tradicionalmente utilizadas para um vasto espetro de aplicações automóveis e aeroespaciais devido às suas caraterísticas, incluindo leveza e resistência superior. Ao mesmo tempo, o Mg e as suas ligas provaram ser $1/3^{rd}$ do peso das ligas de Al (Xu *et al.* 2011). Além disso, as ligas leves à base de Mg oferecem vários méritos, incluindo um grau melhorado de maquinabilidade, resistência superior à mossa, excelentes capacidades de resistência à radiação electromagnética, etc., e devido à herança destas propriedades admiráveis, previa-se que o Mg e as suas ligas relevantes proporcionassem enormes circunstâncias favoráveis a vários sectores industriais. A Figura 1.3 retrata o mercado das ligas à base de magnésio até ao ano 2019 em várias partes do globo (Kainer & von Buch 2003).

Simultaneamente, prevê-se que as flutuações prevalecentes a nível dos preços do magnésio, bem como várias outras questões relacionadas com as ligas de magnésio, como a soldadura de ligas de magnésio, as suas propriedades baseadas na corrosão, etc., reduzam, em certa medida, a expansão do mercado do magnésio e das suas ligas relevantes. Além disso, prevê-se que o grau de disponibilidade de metais alternativos para o Mg e as suas ligas a um custo reduzido limite a procura crescente de Mg no mercado.

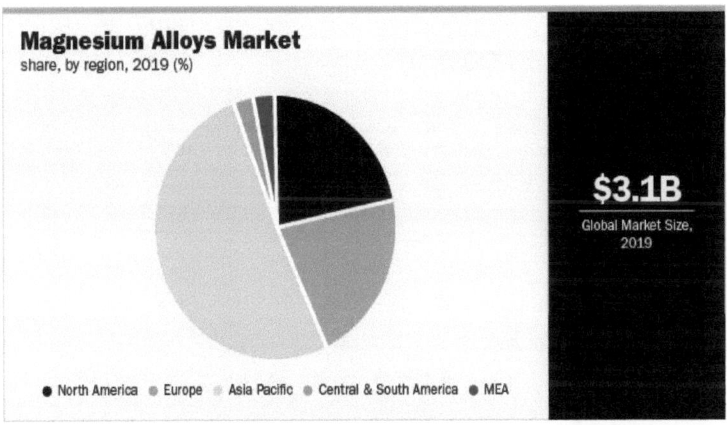

(Fonte: Kainer & von Buch 2003)

Figura 1.3 Mercado das ligas à base de magnésio até ao ano 2019 em várias partes do globo

1.2 MAGNÉSIO - FACTOS BÁSICOS

Sendo um popular material alcalino à base de terra, o Mg é colocado sob o 2nd grupo (coluna), 3rd período e sob o bloco S da tabela periódica, conforme ilustrado na Figura 1.4 (Liu *et al.* 2018). O magnésio recebe uma designação, nomeadamente Mg e depois de o Mg ter sido registado como o 4th elemento mais comum presente no nosso planeta e o nono elemento mais presente de forma excedentária no espaço. 12 é o número atómico do Mg (ou seja, Magnésio). Na crosta terrestre, o Mg é o 8th elemento que se encontra presente de forma excedentária. O Mg tem um aspeto poeirento e prateado e possui uma afinidade física muito próxima com elementos como o bário, o berílio, o estrôncio, o rádio e o cálcio. Além disso, o Mg é classificado como um metal reativo com base no seu comportamento à temperatura e pressão padrão (Zeng *et al.* 2019).

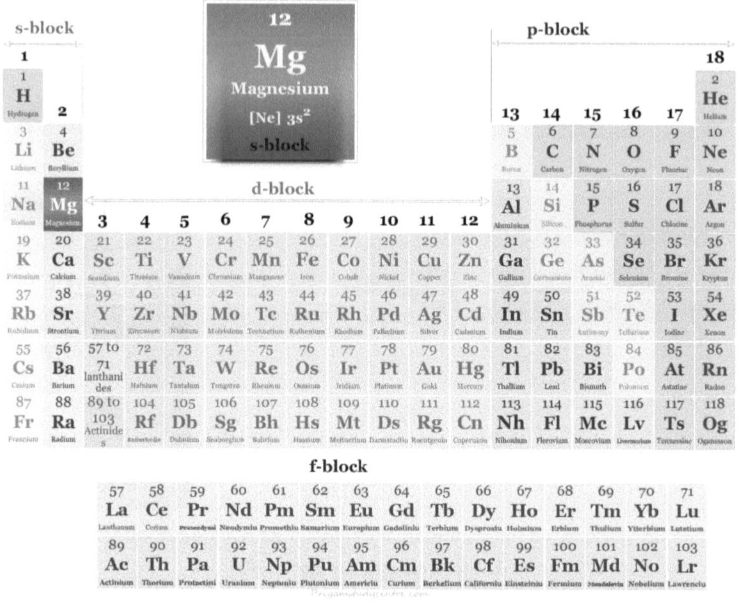

(Fonte: Liu *et al.* 2018)

Figura 1.4 Ilustração da posição do elemento Magnésio na tabela periódica

1.2.1 Existência e ocorrência

Apesar de o Mg ser um dos elementos mais comuns presentes no nosso planeta e o nono elemento mais presente de forma excedentária no espaço, nunca foi referido como estando presente num estado não combinado. Na natureza, o magnésio existe normalmente em conjunto com vários outros componentes, herdando um estado de oxidação +2. Em laboratório, o magnésio também pode ser gerado ou obtido artificialmente e após a sua obtenção de forma artificial, a forma gerada de Mg deve ser imediatamente revestida com uma fina camada de óxido de modo a evitar a reatividade do magnésio, na sua forma obtida. Durante a sua combustão normal, o Magnésio queima com uma aparência de luz branca muito mais brilhante, como retratado na Figura 1.5

(Esmaily *et al.* 2017) e esta aparência única de luz branca mais brilhante é um atributo caraterístico do Mg.

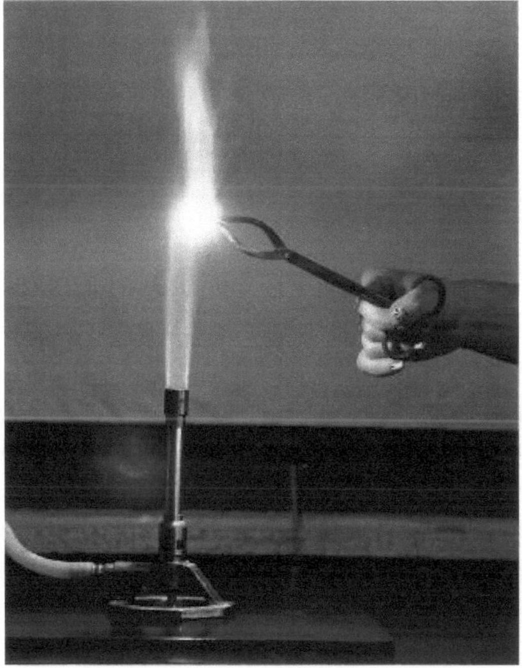

(Fonte: Esmaily *et al.* 2017)

Figura 1.5 Ilustração da combustão do Magnésio com um aspeto de luz branca muito brilhante

A maioria dos recursos de magnésio foi encontrada na crosta do nosso planeta, cerca de 2,1% de Mg na água do oceano, plantas e animais. Apesar de se registar a presença de magnésio em mais de 60 tipos de minerais, apenas a olivina, a magnesite ($MgCO_3$), a carnalite (KCl-$MgCl_2$ -$6H_2O$), a brucite, a dolomite ($MgCO_3$ -$CaCO_3$), a kieserite e a epsomite são comercialmente significativas. O magnésio e os seus compostos (incluindo o cloreto de Mg) foram geralmente obtidos a partir de águas oceânicas, águas amargas e salmouras de lagos e poços, etc., bem como da maioria dos minerais acima mencionados (Ozturk *et al.* 2003).

O magnésio (sob a forma de silicato) também está presente no talco, serpentina, meerschaum e amianto. As águas de base mineral também foram referidas como possuindo a forma de sais e a presença destes iões à base de Mg conduz a uma água com sabor amargo. Nas plantas verdes, o Mg foi referido como um elemento importante da clorofila e é essencial nos alimentos consumidos pelos seres humanos e pelos animais.

Nas formas acima mencionadas, a dolomite ocorre como uma rocha de categoria sedimentar, geralmente misturada com calcário, que se encontra espalhada pelas vastas planícies dos Estados Unidos. A maioria das ocorrências de dolomite foi comprovadamente formada devido à substituição de cálcio por magnésio nos leitos de calcário já existentes. Ao mesmo tempo, a magnesite, outra forma de magnésio, foi basicamente relatada como existindo em quatro tipos distintos de depósitos naturais, nomeadamente, preenchimentos de tipo de veia, alterações baseadas em serpentina, leitos de sedimentação, substituições de dolomite e calcário (Jiang *et al.* 2015).

Da mesma forma, provou-se que a brucite ocorre sob a forma de calcário cristalino e como um produto decomposto de silicatos à base de Mg em associação com cromite, magnesite, dolomite e serpentina. Do mesmo modo, outra forma de magnésio, nomeadamente a olivina, ocorre geralmente sob a forma de cristais e grãos disseminados ou de massas de tipo granular e foi considerada um constituinte típico de rochas ígneas de tipo primário, incluindo gabro e basalto. Os isótopos de magnésio existentes na natureza são^{26} Mg (estabilidade de 11,18%),^{25} Mg (estabilidade de 10,14%) e^{24} Mg (estabilidade de 78,71%). Na sua forma mais pura (como um sólido), o Magnésio existe na estrutura de um hexágono, estando firmemente empacotado (Kwak *et al.* 2016).

1.2.2 Reservas mundiais

Apesar de o Mg ser um dos elementos mais comuns presentes no nosso planeta e o nono elemento mais importante, as reservas mundiais de magnesite estão descritas na Tabela 1.1 (Thakur *et al.* 2010).

Tabela 1.1 Pormenores das reservas mundiais de magnesite e das suas bases de reserva (milhões de toneladas métricas de Mg)

Country	Reserves	Reserve base[1]
Australia	NA	NA
Austria	15	20
Brazil	45	65
China[e]	750	1,000
Greece	30	30
India	30	45
Korea, North[e]	450	750
Russia[e]	650	730
Serbia and Montenegro	5	10
Slovakia[e]	20	30
Spain	10	30
Turkey	65	160
United States	10	15
Other countries	420	480
Total[2]	2,500	3,400

[e]Estimated. NA Not available.

(Fonte: Thakur *et al.* 2010)

Para além destas estimativas mencionadas no Quadro 1.1, foram também encontrados depósitos de magnesite no Sudão, Paquistão e Espanha. Além disso, depósitos de magnesite inferiores a 1 milhão de Mt (ou seja, toneladas métricas) também foram encontrados no Egito, República da África do Sul, Austrália, Irão, México e Filipinas (Al-Samman 2009). Além disso, depósitos menores de Magnesite também foram encontrados na Tanzânia, Quénia, Itália, França, Escócia, Polónia, Noruega, Suécia, Cuba, etc. A maior quantidade de magnesite foi registada nos Estados Unidos e está dispersa pelos seus vários territórios, incluindo Nevada (quase 88%) contendo cerca de 27,2 milhões de Mt de magnesite com menos de 5% de CaO, Washington (quase 11%),

Califórnia (1% restante). Para além destes territórios dos Estados Unidos da América, a ocorrência de magnesite foi também comunicada em Nova Iorque, Nova Jérsia, Maryland, Massachusetts, Pensilvânia, Utah, Idaho, Novo México, Texas e, ao mesmo tempo, as reservas exactas nestes territórios dos EUA acima mencionados não foram estimadas. Ilustração gráfica da A produção mundial de magnesite e de magnésia da categoria queimada morta é apresentada na Figura 1.6 (Hassan & Gupta 2006).

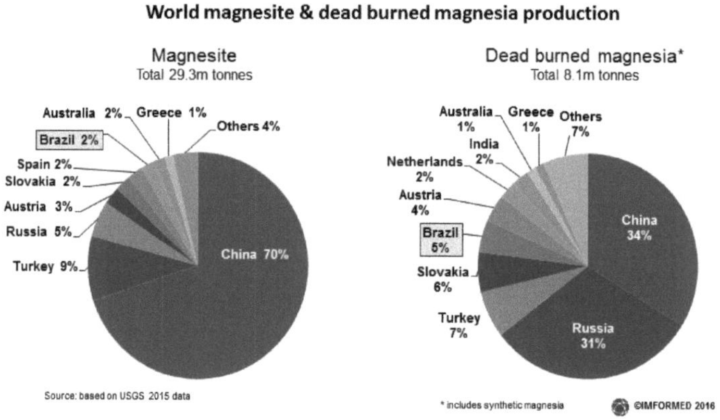

(Fonte: Hassan & Gupta 2006)

Figura 1.6 Ilustração gráfica da produção mundial de magnesite e de magnésia da categoria queimada morta

As reservas de magnésio sob a forma de brucite foram também estimadas em cerca de 3-3,5 milhões de toneladas no Nevada e 2-2,5 milhões de toneladas na Coreia do Norte. As reservas do mesmo mineral à base de brucite foram também reportadas como estando presentes no Arizona, Canadá, Irlanda e Grã-Bretanha. As reservas de Mg com base em olivina também foram reportadas como sendo de cerca de 231 milhões de Mt na Geórgia e na Carolina do Norte, possuindo cerca de 48% de MgO (Li *et al.* 2013).

As reservas de sal à base de magnésio obtidas sob a forma de salmoura dos depósitos subterrâneos evaporados ainda não foram estimadas. Foi relatado que o Grande Lago Salgado herda cerca de 628 milhões de toneladas de cloretos à base de magnésio. Para além disso, estima-se que as reservas de olivina na forma de dunito estejam presentes em cerca de 49 milhões de toneladas na Ilha de Cypress e vários milhões de toneladas na região vizinha de Twin Sisters, Washington (Meng *et al.* 2009).

1.2.3 Propriedades do magnésio

O magnésio possui uma estrutura cristalina hexagonal compactada (i.e., HCP). Com esta estrutura cristalina, os atributos físicos relevantes do Mg foram considerados de interesse. Por exemplo, provou-se que o Mg é não magnético, não tóxico e possui uma força de impacto superior, tem uma resistência exemplar contra a amolgadela (Li *et al.* 2008).

Ao mesmo tempo, verificou-se que o Mg era muito reativo na sua natureza como elemento, mas os seus compostos eram comuns. O Mg era normalmente empregue em ligas de alta resistência e peso reduzido e em aplicações baseadas em materiais. Por exemplo, quando misturado com nanopartículas de carboneto de silício, apresenta uma resistência específica superior. Algumas das propriedades físicas relevantes do magnésio à temperatura normal são descritas na Tabela 1.2 (Paramsothy *et al.* 2008).

Tabela 1.2 Atributos físicos do Mg

S.No.	Material Property	Numerical Value
1	Density (at 20 °C)	1.738 g/cm^3
2	Melting Point	(650 ± 1) °C
3	Boiling Point	1090 °C
4	Thermal Conductivity (at 27 °C)	156 W m^{-1} K^{-1}
5	Specific heat capacity (at 20 °C)	1.025 kJ kg^{-1} K^{-1}
6	Latent heat of fusion	360 to 377 kJ kg^{-1}
7	Latent heat of vaporization	5150 to 5400 kJ kg^{-1}
8	Latent heat of sublimation (at 25 °C)	6113 to 6238 kJ kg^{-1}
9	Heat of combustion	24.9 to 25.2 MJ kg^{-1}
10	Linear coefficient of thermal expansion	29.9 × 10^{-6} °C^{-1}

(Fonte: Paramsothy *et al.* 2008)

O magnésio, sendo um dos metais mais leves da categoria estrutural, possui uma densidade de cerca de 1,74 g/cm^3 e uma resistência específica superior de cerca de 131 kNm/kg e estas propriedades de peso leve tornam o Mg preferível para várias aplicações de peso crítico. O Mg reage de forma muito lenta com a água, quando esta está fria. Embora o Mg não sofra o impacto do ar seco, fica manchado no ar húmido e, como resultado, forma um revestimento fino composto por carbonato primário à base de Mg (Jung *et al.* 2014).

O Mg sob a forma de fita ou pó, quando aquecido, inflama-se imediatamente e começa a arder com uma luz branca intensificada e resulta na libertação de grandes volumes de calor, levando à formação de óxidos à base de magnésio. Outro fator notável importante é que o fogo à base de Mg não pode ser extinto com água, uma vez que a água reage facilmente com o Mg quente, levando à libertação imediata de hidrogénio (Mahmudi & Moeendarbari 2013). O Mg também reage facilmente com halogéneos e com a maioria dos ácidos. O Mg é um agente de redução muito poderoso e foi frequentemente utilizado para libertar outras ligas metálicas dos seus halogenetos do tipo anidro.

1.3 MAGNÉSIO - LIGAS

Na sua forma mais pura, o magnésio possui uma resistência mecânica inferior (Yokobayashi *et al.* 2011). Com o objetivo de melhorar as propriedades do magnésio puro, o Mg é ligado a vários outros elementos. As ligas de Mg podem ser definidas como a mistura de Mg com outros metais (normalmente designados por ligas), incluindo zinco, zircónio, alumínio, silício, manganês, metais de terras raras, etc. Verificou-se que as ligas de Mg herdaram uma estrutura de tipo treliça hexagonal e esta estrutura desempenha um papel importante no impacto das propriedades básicas destas ligas de Mg.

Outra caraterística única é o facto de a deformação plástica desta estrutura de treliça hexagonal ser muito complicada quando comparada com a da estrutura de treliça cúbica do aço, cobre e alumínio. Como resultado, a maioria das ligas de Mg é normalmente obtida através do processo de fundição e, ao mesmo tempo, estão a ser desenvolvidos vários trabalhos de investigação sobre as ligas de Mg forjadas (Pan *et al.* 2008).

As ligas de fundição à base de Mg são amplamente utilizadas no fabrico de vários componentes de automóveis, veículos de desempenho superior, fundição sob pressão
As ligas de Mg são também utilizadas no fabrico de estruturas de corpos de câmaras e dos seus acessórios baseados em lentes.

A Tabela 1.3 descreve resumidamente o impacto de vários ingredientes de liga nas propriedades mecânicas do magnésio (Powell *et al.* 2002).

Tabela 1.3 Impacto dos elementos de liga nas propriedades do Mg

Nome do ingrediente de liga	Impacto nas propriedades mecânicas
Alumínio	Difunde-se rapidamente na matriz de Mg e actua como um constituinte inerte, melhora a resistividade contra a corrosão, aumenta a capacidade de fundição sob pressão
Manganês	Reduz os impactos nocivos das impurezas e aumenta a resistividade contra a corrosão
Cobre	Desempenha um papel vital na melhoria da resistência das peças fundidas em Mg e, ao mesmo tempo, acelera a taxa de corrosão quando exposto a um meio à base de NaCl
Zinco	Aumenta a tensão de cedência, reduz a evolução do gás hidrogénio durante os cenários de bio corrosão
Metais de terras raras	Melhora a resistividade à corrosão
Lítio	Melhora a resistividade à corrosão
Cálcio	A adição de cálcio como ingrediente de liga aumenta a resistividade à corrosão das ligas à base de Mg-Ca

(Fonte: Powell *et al.* 2002)

1.3.1 Caraterísticas atractivas - Ligas de Mg

As ligas de Mg, quer sob a forma de forja quer sob a forma de fundição, proporcionam rácios exemplares entre peso e resistência para uma vasta gama de aplicações de engenharia. Quase 70 - 72% mais leves do que o aço inoxidável e $1/3^{rd}$ mais leves do que o alumínio, muito mais fáceis de trabalhar e comprovadamente com o valor máximo de capacidade de amortecimento quando comparadas com as de qualquer material estrutural e, ao mesmo tempo, muito mais baratas, as ligas de Mg são amplamente utilizadas em várias aplicações industriais e comerciais, que são muito diversificadas, incluindo tecnologias electrónicas, de energia verde, aeroespaciais, biomédicas, de fabrico e relacionadas com a defesa (Lu *et al.* 2015). Algumas das caraterísticas atractivas das ligas de Mg são mencionadas abaixo:

- Peso leve: As ligas de Mg têm uma densidade de cerca de 1,74 g/cm^3 , que é quase 2,3^{rd} a densidade do alumínio e 1,4^{th} a densidade do ferro. É o metal mais leve entre todos os metais práticos e é amplamente preferido para o fabrico de vários produtos mais leves, uma vez que as peças mais leves fabricadas podem reduzir as emissões de dióxido de carbono e conduzir a poupanças de energia.

- Resistência superior: a gravidade específica das ligas de Mg é muito superior quando comparada com a do plástico e, ao mesmo tempo, as ligas de Mg possuem uma maior resistência à tração e elasticidade à flexão, podendo facilmente formar componentes e peças de paredes finas. Além disso, para os requisitos relevantes de resistência semelhantes, as ligas de Mg podem fabricar peças e componentes mais leves.

- Dissipação de calor favorável: As ligas de Mg possuem capacidades de transferência de calor apreciáveis e a sua capacidade térmica relevante é de cerca de 150 - 152W/mk, o que pode dissipar o calor interno dos motores e das máquinas de uma forma eficaz

- Blindagem electromagnética: As ligas de Mg possuem uma boa capacidade de proteção contra ondas electromagnéticas. Tanto nos mercados estrangeiros como nos nacionais, verificou-se que vários dispositivos e produtos digitais emitem uma forte confusão electromagnética e que é uma tarefa fastidiosa controlar esta confusão electromagnética dentro de um espetro especificado. Ao mesmo tempo, provou-se que as ligas de Mg apresentam um desempenho superior no que respeita à proteção contra ondas electromagnéticas

- Reciclabilidade: As ligas de Mg são muito mais fáceis de refundir do que os metais da categoria e podem ser facilmente transformadas em matérias-primas. A energia necessária para regenerar as ligas de Mg foi de apenas 4% do fabrico de novas matérias-primas da categoria. Para aumentar a taxa de utilização de metais reciclados, as ligas de Mg serão uma forma prática e económica de otimização ambiental

- Amortecimento baseado em vibrações: As ligas de Mg possuem capacidades de amortecimento superiores e a utilização de ligas de Mg reduz o ruído e prolonga a vida útil de vários dispositivos

- Estabilidade dimensional: As ligas de Mg não sofrem alterações no seu tamanho e forma, devido ao impacto das mudanças de temperatura e da passagem do tempo. O tamanho e a forma actuais das peças e estruturas à base de ligas de As peças e estruturas à base de ligas de Mg serão mantidas durante mais tempo.

- Resistência ao impacto: As peças fabricadas a partir de ligas de Mg não ficam amolgadas facilmente e não podem ser deformadas por impacto, devido à superior resistividade ao impacto das ligas de Mg

- Maquinabilidade: As ligas de Mg podem ser maquinadas muito facilmente, o que permite poupar nos custos e no tempo de processamento

- Facilmente disponível: As reservas de Mg de qualidade superior, nomeadamente, dolomite, magnesite, etc., estão disponíveis em abundância em todo o mundo, proporcionando assim uma garantia material para o progresso consistente e o desenvolvimento mais rápido das indústrias baseadas em Mg

1.4 LIGAS DE Mg - CLASSIFICAÇÃO

As ligas de Mg podem ser agrupadas em duas grandes categorias, nomeadamente ligas de Mg fundidas e ligas de Mg forjadas. A maior parte das ligas de Mg são geralmente utilizadas como ligas fundidas. Ao mesmo tempo, as investigações baseadas em ligas de Mg forjadas registaram um enorme crescimento nas últimas décadas. As ligas fundidas de Mg têm sido amplamente utilizadas em vários sectores industriais, incluindo os sectores eletrónico, aeroespacial e automóvel. O diagrama que ilustra as várias categorias de ligas de Mg forjadas e fundidas pode ser visto na Figura 1.7 (Song & Atrens 2003).

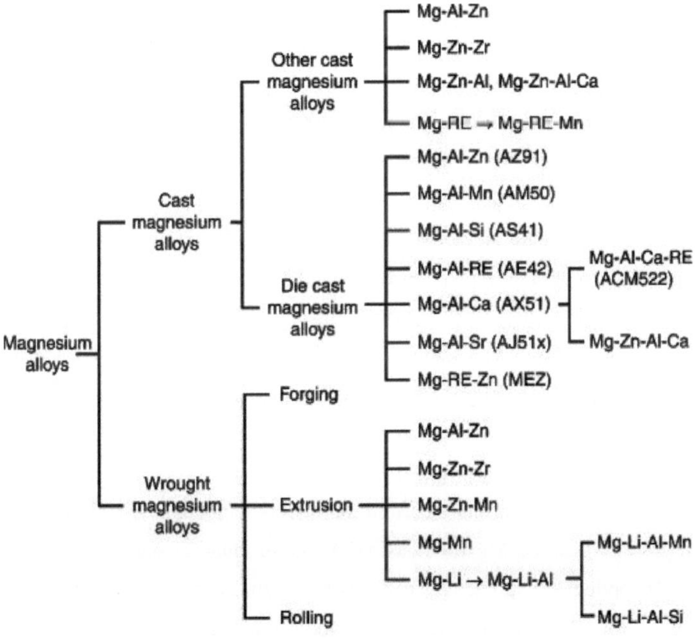

(Fonte: Song & Atrens 2003)

Figura 1.7 Diversas categorias de ligas de Mg forjadas e fundidas

As ligas fundidas de Mg mais utilizadas incluem Elektron 21, WE43, WE54, QH21, QE22, HZ32, HK31, ZC63, ZE41, ZK61, ZK51, AM50, AZ91, AZ81 e AZ63. As ligas forjadas de Mg mais utilizadas incluem ZC71, ZE41, HM21, HK31, M1A, AK60, Elektron 675, AZ80, AZ61 e AZ31 (FANG Xi-ya *et al.* 2006).

1.4.1 Ligas fundidas de Mg

As ligas de Mg, quer sob a forma de forja quer sob a forma de fundição, proporcionam rácios exemplares de peso e resistência a uma vasta gama de aplicações de engenharia. Quase 70 - 72% mais leves do que o aço inoxidável e $1/3^{rd}$ mais leves do que o alumínio, são muito mais fáceis de trabalhar e comprovadamente herdam o valor máximo da capacidade de amortecimento. As ligas comuns de Mg utilizadas para vários fins relevantes de fundição contêm geralmente percentagens variáveis de zinco, manganês e alumínio. O alumínio é um dos elementos mais comuns de liga com o Mg. O teor de Al ligado ao magnésio puro não excede normalmente mais de 10%. O cálcio é normalmente adicionado em pequenos volumes (cerca de 0,1%) ao magnésio puro durante a preparação de ligas fundidas e este volume de cálcio adicionado ao Mg puro varia de acordo com aplicações e objectivos específicos. Outros materiais que são adicionados como elementos de liga ao Mg puro durante a preparação de ligas fundidas de Mg incluem o zircónio e os metais de terras raras. A adição destes elementos como constituintes de liga durante a preparação das ligas de Mg fundido aumenta a sua resistividade contra a rutura por tensão e a fluência, que ocorrem durante as temperaturas máximas. Com exceção das ligas de Mg fundidas M1A, quase todas as outras ligas de Mg fundidas podem ser submetidas a vários processos de tratamento térmico para melhorar os seus atributos mecânicos. Nos últimos anos, a maioria das ligas fundidas de Mg foi obtida utilizando o processo inovador de fundição de espuma perdida com base em baixa pressão e a disposição deste processo de fundição é ilustrada na Figura 1.8 (Andrej *et al.* 2013) e este processo de fundição inovador possui os méritos tanto da fundição a baixa pressão como dos processos de fundição por gravidade.

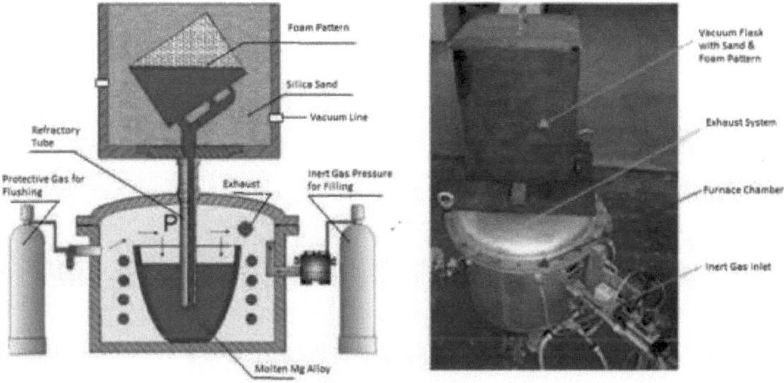

(Fonte: Andrej *et al.* 2013)

Figura 1.8 Equipamento utilizado durante o processo de fundição de espuma perdida com base em baixa pressão para a fundição de ligas de Mg

1.4.2 Ligas forjadas de Mg

Nas últimas décadas, foram desenvolvidos vários tipos de ligas de Mg para o fabrico de diversos produtos de categoria forjada. À semelhança das ligas de Mg fundidas, no caso das ligas de Mg forjadas, os principais ingredientes adicionados como elementos de liga incluem o zinco, o manganês, o alumínio, etc. Por exemplo, a M1A, uma liga de Mg forjada, foi utilizada para fabricar peças forjadas, extrusões, chapas, etc. A liga forjada AZ31B de Mg foi utilizada para extrusões e chapas. As ligas AZ80A e AZ61A de Mg foram utilizadas sob a forma de extrusões e chapas. As ligas forjadas de Mg, nomeadamente ZK60A e AZ80A, são submetidas a tratamento térmico por envelhecimento do metal à medida que este é fabricado.

As resistências destas ligas forjadas aumentaram então de forma substancial, sem perder a percentagem de alongamento. As chapas forjadas AZ31B de Mg estavam normalmente disponíveis como laminadas a frio, recozidas e laminadas a quente. As ligas forjadas de Mg possuem normalmente resistências à tração na gama de cerca de 350 - 360 MPa e as suas resistências ao escoamento variam até cerca de 290 - 300 MPa. As principais ligas forjadas de Mg comercialmente disponíveis no mercado incluem chapas, material para máquinas com base em parafusos, peças forjadas, produtos laminados de categoria plana, extrusões de impacto, extrusão (incluindo tubos, formas ocas, formas sólidas, varões, barras, etc.).

Várias ligas forjadas de Mg foram baseadas no sistema de combinação

Mg-Al-Zn e são utilizadas numa vasta gama de aplicações de engenharia. Por exemplo, a ZW3, uma liga forjada de Mg com cerca de 3% de zinco e 0,6% de zircónio, foi fabricada como uma liga de forjamento e extrusão de resistência superior e tem sido amplamente utilizada em várias aplicações aeroespaciais, incluindo peças de caixa de velocidades para aviões, helicópteros, rodas forjadas de aviões, etc. A ZC71 é uma das ligas forjadas de Mg de resistência superior e os seus atributos caraterísticos óptimos foram atingidos durante os cenários de tratamento térmico da categoria T6.

A maioria das ligas forjadas de Mg está limitada a temperaturas de funcionamento de cerca de 148-150°C. As ligas forjadas de Mg que possuem o Tório como elemento de liga possuem amplos atributos de temperatura superior e, ao mesmo tempo, as questões ambientais relacionadas com estas ligas de Mg forjadas à base de Tório estão a restringir a ampla utilização destas ligas. Com o objetivo de reduzir o peso em aplicações relevantes para o sector automóvel, a utilização de ligas de Mg forjadas, como a AZ61 e a AM30, começou a aumentar nos últimos anos, especialmente durante o fabrico de componentes estruturais do chassis de um automóvel. Durante a implementação destes novos metais, prevalece a necessidade de caraterizar as suas respostas à fadiga. Estas caraterísticas relevantes à fadiga são divididas numa conceção multi-escala, como se pode ver na Figura 1.9 (Shan 2010).

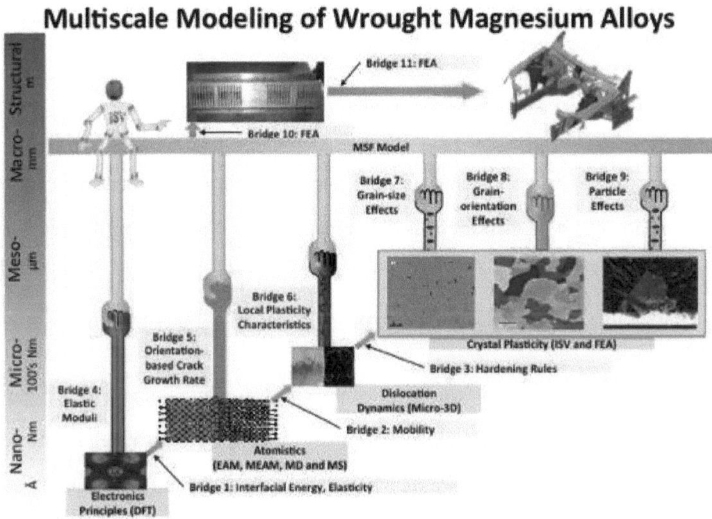

(Fonte: Shan 2010)

Figura 1.9 Abordagem multi-escalar para modelação de ligas forjadas de Mg

1.5 LIGAS DE Mg - SISTEMA DE DESIGNAÇÃO

A fim de interpretar a composição das ligas à base de magnésio, foram estabelecidos sistemas de designação que descrevem os elementos adicionados para fabricar as ligas e os pormenores correspondentes. Um dos sistemas de designação mais comummente utilizados é o sistema normalizado da ASTM (American Society for Testing and Materials) para designar as ligas de vários metais. Por exemplo, o sistema de designação ASTM para ligas de Mg é composto por quatro partes distintas e é descrito de forma pormenorizada no exemplo abaixo mencionado:

Como exemplo ilustrativo deste sistema de designação ASTM, considere-se a liga de magnésio: AZ81A-T4.

1st parte do sistema de designação implica os dois principais ingredientes de liga. Neste caso, AZ implica que, para a liga de Mg AZ81A-T4, o alumínio e o zinco são os dois principais ingredientes de liga.

2nd parte do sistema de designação indica a quantidade percentual arredondada desses dois principais elementos de liga. Neste caso, 81 indica que cerca de 8% de alumínio e 1% de zinco foram adicionados como elementos de liga para a liga de Mg AZ81A-T4.

3rd parte do sistema de designação era normalmente usada para diferenciar ligas que possuíam a mesma quantidade dos principais elementos de liga. No nosso caso, para a liga de Mg AZ81A-T4, A representa a liga 5th que está a ser padronizada com 1% de Zn e 8% de Al como principais adições à base de liga.

4th parte do sistema de designação representa normalmente as condições de têmpera da liga. No caso da nossa liga de Mg AZ81A-T4, T4 indica que esta liga de Mg foi sujeita a um processo de tratamento térmico baseado numa solução.

A Figura 1.10 retrata o sistema ASTM de designação para a liga de Mg AZ81A-T4 (Fariñas *et al.* 2016).

Normalmente, o sistema de designação das ligas é composto por um máximo de dois alfabetos que caracterizam os ingredientes de liga descritos na quantidade mais elevada, colocados por ordem decrescente das percentagens ou na sequência alfabética, se ambos os ingredientes de liga estiverem presentes em igual quantidade, seguidos das percentagens correspondentes, arredondadas para os números inteiros mais próximos e de um alfabeto de série. O nome completo dos metais de base precede a designação, mas é habitualmente omitido por razões de brevidade quando o metal de base a que se faz referência é claramente conhecido.

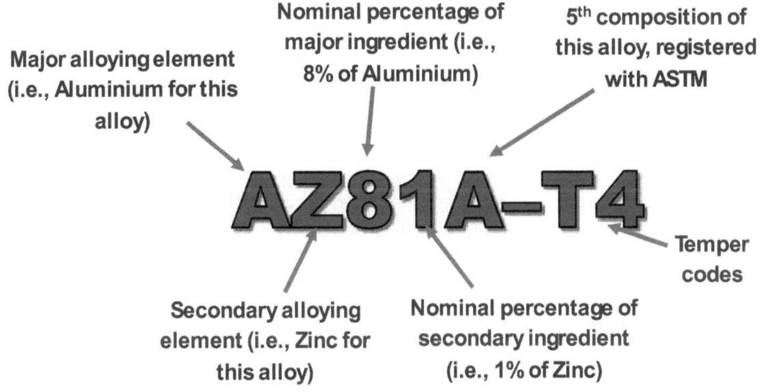

(Fonte: Fariñas *et al.* 2016)

Figura 1.10 Sistema de designação das ligas de magnésio

O sistema de designação das ligas de magnésio não foi normalizado de forma tão perfeita como no caso das ligas de alumínio e de aço. A maioria dos fabricantes adopta um sistema de designação que utiliza 1 ou 2 alfabetos de prefixo, 2 ou 3 algarismos e um alfabeto de sufixo. Os alfabetos de prefixo designam os 2 principais ingredientes de liga, de acordo com o formato formulado na especificação normalizada ASTM n.º B275, e estão listados na Tabela 1.4 (Lentz *et al.* 2016).

Tabela 1.4 Abreviatura ASTM B275 para os ingredientes de liga para ligas de Mg

Liga ingrediente	Abreviatura de base ASTM B275	Liga ingrediente	Abreviatura de base ASTM B275
Zinco	Z	Manganês	M
Antimónio	Y	Lítio	L
Cálcio	X	Zircónio	K
Ítrio	W	Estrôncio	J
Gadoliniun	V	Tório	H
Lata	T	Ferro	F
Silício	S	Metais de terras raras	E
Crómio	R	Cádmio	D
Prata	Q	Cobre	C
Chumbo	P	Bismuto	B
Níquel	N	Alumínio	A

(Fonte: Lentz *et al.* 2016)

Os tratamentos térmicos a que as ligas de Mg estão a ser sujeitas aparecem normalmente hifenizados no final do sistema de designação. Por outras palavras, o código para as ligas de Mg é seguido pelas designações baseadas na têmpera. Este sistema de designação de ligas de Mg baseado na têmpera é muito idêntico ao sistema de designação das ligas de alumínio baseado na têmpera. Alguns dos códigos relevantes para o tratamento térmico mais comummente utilizados para as ligas de Mg estão listados na Tabela 1.5 (Kirkland *et al.* 2011).

Tabela 1.5 Sistema de designação baseado no tratamento térmico para ligas de Mg

Códigos relacionados com a têmpera para a designação de ligas de Mg	Condição baseada na temperatura
F	Como fabricado
H	Endurecidos por deformação através de trabalho a frio (apenas para produtos da categoria dos produtos forjados)
H1	Apenas endurecimento por deformação
O	Recozido (do estado de fundição e do estado a frio)
T4	Envelhecido naturalmente e tratado termicamente em solução
T5	Envelhecido artificialmente sozinho
T6	Tratada termicamente e envelhecida artificialmente
W	Apenas tratado termicamente em solução (têmpera instável)

(Fonte: Kirkland *et al.* 2011)

Para além dos cenários supramencionados do sistema de designação de ligas de Mg, os nomes comerciais relevantes também têm sido por vezes relacionados com as ligas de Mg. Alguns dos exemplos bem conhecidos deste cenário incluem Magnox, Magnalium, Birmabright, Metal 12, Mag-Thor, Magnuminium, Elektron, etc.

1.6 LIGAS mg - APLICAÇÕES

As ligas de Mg são um material muito prometedor. As ligas de Mg possuem uma mistura exemplar de propriedades biomédicas e mecânicas relevantes, o que as torna ideais para serem utilizadas numa vasta gama de aplicações. Além disso, devido à natureza dos ingredientes de liga, as ligas de Mg são melhoradas nas suas propriedades e, consequentemente, as ligas de Mg são utilizadas em vários sectores industriais, incluindo o espacial, nuclear, aeroespacial, médico, automóvel, naval, eletrónico, desportivo, etc.

Possuindo uma densidade de cerca de 1,7-1,8 g/cm^3 , o Mg é um dos metais estruturais mais leves disponíveis no mercado. Consequentemente, as ligas de Mg tornaram-se ideais para várias aplicações de engenharia relevantes, em que a redução do peso é uma preocupação importante, proporcionando uma vantagem baseada no peso em relação ao alumínio de cerca de 33% e até 50% em relação ao titânio. Nos últimos anos, a utilização de ligas de Mg no sector automóvel para o fabrico de várias peças, componentes e acessórios para automóveis aumentou consideravelmente, devido especificamente à evolução para veículos eléctricos e energeticamente eficientes, e o emprego de ligas de Mg tornou estes componentes automóveis cada vez mais leves, como ilustrado na figura

Com uma densidade de 1,7g/cm^3 , o magnésio é o metal estrutural mais leve que existe. As suas ligas são, portanto, ideais para projectos em que o peso é uma preocupação fundamental, dando uma vantagem de peso sobre o alumínio de 33%, e até 50% sobre o titânio. Especificamente na indústria automóvel, a evolução para veículos eléctricos e energeticamente eficientes só irá acelerar a procura de componentes cada vez mais leves na Figura 1.11 (Tan & Ramakrishna 2021).

As ligas de Mg tornaram-se um dos metais mais preferidos, quando existe a necessidade de reduzir o peso sem sacrificar a resistência global de um componente ou peça. A capacidade de amortecimento de vibrações das ligas de Mg também as torna preferíveis para várias aplicações de engenharia e outras, em que as forças internas relevantes de acessórios, componentes e peças de velocidade superior têm de ser reduzidas. A ilustração diagramática das várias aplicações da liga de Mg em vários sectores pode ser vista na Figura 1.12 (Dobrzański 2019).

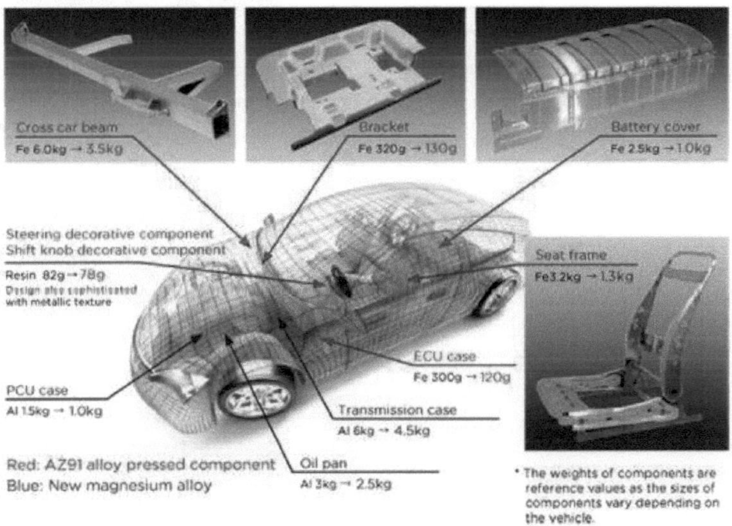

(Fonte: Tan & Ramakrishna 2021)

Figura 1.11 Ilustração da redução do peso de vários componentes e acessórios de automóveis devido à utilização de ligas de Mg

Algumas das aplicações mais comuns que preferem as ligas de Mg incluem:

- Equipamento e acessórios relevantes para a movimentação de materiais
- Escadas, acessórios de bagagem, cortadores de ervas daninhas
- Suportes de motor, asas, depósitos de combustível, dobradiças de controlo de aviões

- Acessórios e componentes para mísseis e aeronaves
- Partes de bicicletas (incluindo quadros), taco de ténis de mesa, fundo de rolo de patinagem, fivela de botas de esqui, pranchas de esqui, fixador de barcos de neve e outra grande variedade de equipamento relevante para artigos desportivos
- Acessórios e peças para telemóveis, televisores, computadores portáteis e câmaras fotográficas
- Cortadores de sebes, motosserras, ferramentas eléctricas portáteis de categoria
- Quadros de assentos, colunas e rodas de direção, caixas de travões, blocos de motor, caixas de transmissão, rodas, quadros de rodas, manípulos de travões, chassis, quadros de radiadores, cobertura da caixa de velocidades, suporte de direção, veios de transmissão, caixas de velocidades, etc., de veículos automóveis
- As ligas de Mg também têm sido utilizadas como alternativa a vários plásticos de engenharia devido à sua rigidez superior, maior capacidade de reciclagem e custo de produção reduzido
- Acessórios para máquinas têxteis e de impressão
- Máquinas industriais de velocidade superior, incluindo prensas de impressão, teares, etc,
- Lâminas de rotor de helicópteros, rodas de aterragem para vários tipos de aeronaves
- Categoria médica bio-implantes, vários dispositivos cirúrgicos relevantes, equipamento protético relevante

- Óculos e equipamentos e dispositivos ópticos relevantes
- Peças e acessórios para motas e carros de corrida de desempenho superior
- Diversos aparelhos domésticos relevantes, incluindo utensílios de cozinha, aspiradores, etc.

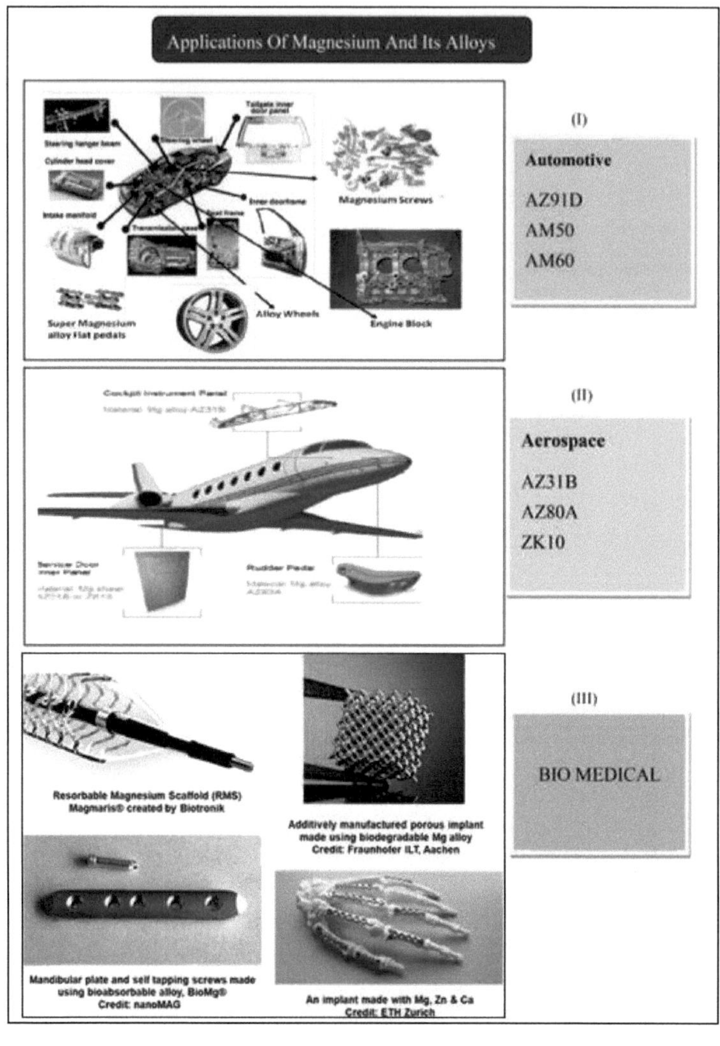

(Fonte: Dobrzański 2019)

Figura 1.12 **Ilustração de várias aplicações de ligas de Mg em diversos sectores, incluindo o automóvel, a indústria aeroespacial e aplicações biomédicas relevantes**

1.7 DISSERTAÇÃO DE TESE

Esta tese é composta por um total de oito capítulos distintos. O Capítulo 1 fornece uma descrição detalhada sobre o material estrutural mais leve, nomeadamente o magnésio, as tendências recentes do mercado das ligas de Mg e a procura prevalecente no mercado mundial de ligas de Mg. Este capítulo também discute em pormenor os factos básicos do magnésio, incluindo a sua ocorrência, existência, reservas mundiais de Mg e as propriedades importantes do Mg. As discussões sobre as várias caraterísticas atractivas das ligas de Mg também foram elaboradas neste capítulo. A forma como as ligas de Mg foram classificadas, os pormenores sobre as ligas de Mg fundidas e as ligas de Mg forjadas também foram apresentados neste capítulo. O sistema de designação com base no qual as ligas de Mg foram designadas e o sistema ASTM de procedimento para designar ligas de Mg também foram claramente descritos neste capítulo com a ajuda de exemplos adequados, apoiados por diagramas relevantes. Além disso, as várias aplicações das ligas de Mg em vários sectores relevantes da engenharia, na área médica, no desporto e noutros sectores industriais foram discutidas de forma sucinta neste capítulo.

2nd capítulo desta tese discute em pormenor os constrangimentos e deméritos das ligas de Mg e os desafios que prevalecem no que diz respeito à soldadura de ligas de Mg. Este 2nd capítulo também apresenta algumas abordagens para melhorar a soldabilidade das ligas de Mg. Além disso, este segundo capítulo também fez uma breve introdução às técnicas de soldadura por fusão e discutiu, de forma elaborada, as restrições que prevalecem em relação a vários processos de soldadura por fusão (incluindo os processos GMAW, GTAW, EBW e LBW) na soldadura de ligas de Mg. 2nd capítulo fez uma breve introdução à tecnologia de soldadura em estado sólido, discutindo os seus vários méritos e aplicações. Neste segundo capítulo, foi também incluída uma introdução detalhada ao processo FSW, juntamente com a sua história, o princípio de funcionamento e os méritos atractivos do processo FSW. ndEste capítulo também discutiu em pormenor a importância e o papel desempenhado pelos elementos de fixação (incluindo o conjunto de gabaritos), a geometria da ferramenta utilizada e os parâmetros importantes do processo FSW.

3rd capítulo desta tese, intitulado revisão da literatura, discute em pormenor a procura predominante das ligas de Mg em vários sectores industriais e a importância do processo FSW, as suas propriedades únicas, etc., como parte introdutória. Este capítulo analisa em seguida, de forma detalhada, as várias técnicas avançadas de soldadura que estão a ser utilizadas para unir as ligas de Mg, incluindo as técnicas avançadas de soldadura discutidas neste capítulo, incluindo a soldadura por impulsos magnéticos, a soldadura por ultra-sons e a soldadura por fricção. Os resultados experimentais e os resultados de vários trabalhos de investigação realizados no que diz respeito à união de várias ligas de Mg utilizando as técnicas de soldadura avançadas acima mencionadas foram discutidos resumidamente e este capítulo também destaca os constrangimentos prevalecentes no que diz respeito às técnicas de soldadura acima mencionadas, nomeadamente a soldadura por impulsos magnéticos, a soldadura por ultra-sons e a soldadura por fricção e as suas limitações na união das ligas de Mg. O capítulo também enfatiza a necessidade de otimizar os parâmetros do processo FSW durante a união de ligas de Mg e revê os resultados experimentais de trabalhos de investigação que utilizaram diferentes softwares de otimização para otimizar os parâmetros do processo durante a soldadura de ligas de Mg. Finalmente, as inferências obtidas após a análise das observações experimentais, dos resultados e dos resultados de vários trabalhos experimentais foram resumidas na última secção deste capítulo.

4th capítulo resumiu de forma detalhada o plano esquemático do trabalho de investigação experimental que está a ser seguido na realização de todo este trabalho de investigação experimental. 4th capítulo também resumiu os vários passos da GRA empregues nesta investigação experimental. Os vários ingredientes de base química, as propriedades físicas, mecânicas, térmicas e eléctricas relevantes de ambos os metais de base, nomeadamente as ligas AZ31B Mg e AZ80A Mg, foram elaborados neste capítulo 4th . Este 4th capítulo descreve as várias propriedades físicas, mecânicas e térmicas do HSS de grau M42 selecionado como material para o fabrico da ferramenta a utilizar neste trabalho experimental. Este quarto capítulo também enumerou as razões para a escolha do HSS de grau M42 como material de ferramenta para este trabalho de investigação e também menciona os vários méritos e propriedades únicos do HSS de grau M42. Este capítulo discutiu depois a importância do desenho da ferramenta e da geometria do pino no impacto da qualidade das juntas das ligas AZ31B Mg e AZ80A Mg a serem fabricadas utilizando o processo FSW. thEste capítulo descreve em detalhe os vários procedimentos adoptados durante a preparação das placas planas das ligas AZ31B e AZ80A Mg.

5th O capítulo elabora de forma pormenorizada todo o plano deste trabalho de investigação experimental e descreve também os vários ingredientes químicos dos metais de base, nomeadamente as ligas AZ31B Mg e AZ80A Mg, várias propriedades térmicas, eléctricas, físicas e mecânicas destes materiais de base. Este capítulo também descreve os vários materiais adequados disponíveis para o fabrico da ferramenta a utilizar no processo FSW, os vários desenhos disponíveis relativamente à parte do ombro e ao perfil do pino e a importância do desenho da ferramenta e o seu impacto na qualidade das juntas soldadas por fricção.

O Capítulo 6 descreve o esforço desenvolvido para construir relações empíricas entre os parâmetros do processo FSW e a resistência à tração das juntas de liga de Mg obtidas, com base nos dados de investigação gerados pela análise fatorial baseada em 6 parâmetros - 5 níveis. 6th O capítulo também ilustra as equações numéricas formuladas com base na análise de regressão quadrática para descrever os parâmetros do processo FSW e as equações relacionadas com a sensibilidade estabelecidas a partir destes modelos numéricos. 6th capítulo também fornece um mapa detalhado das caraterísticas de sensibilidade relevantes para a FSW das ligas de Mg AZ80A e este capítulo tem como objetivo determinar as caraterísticas relacionadas com a sensibilidade dos parâmetros do processo FSW e prever os pré-requisitos relacionados com a afinação fina destes parâmetros durante a FSW das ligas de Mg AZ80A.

7th O Capítulo descreve a tentativa de formular um modelo numérico multi-objetivo baseado no Central Composite Design (CCD), utilizando a técnica de análise relacional cinzenta, para otimizar os parâmetros dependentes da ferramenta (nomeadamente a velocidade de deslocação da ferramenta, a sua velocidade de rotação e a geometria do pino) durante a FSW de ligas distintas de Mg, nomeadamente AZ80A e AZ31B Mg, sendo as respostas a resistência à tração e a percentagem de alongamento das juntas. Este capítulo também descreve a utilização da otimização baseada em respostas múltiplas para determinar a combinação optimizada dos parâmetros baseados na ferramenta durante a FSW das placas da liga de Mg AZ80A-AZ31B. Este capítulo também enumera os ensaios experimentais efectuados de acordo com a matriz de design baseada em CCD. 7th capítulo também descreve o procedimento para converter os dados obtidos a partir destas experiências para dois resultados (nomeadamente a resistência à tração e a percentagem de alongamento) e a sua transformação em valores GRG de acordo com a GRA baseada na RSM. Este capítulo também descreve a importância e a contribuição de cada parâmetro do processo em relação ao valor de GRG calculado e analisado utilizando ANOVA.

Várias conclusões experimentais importantes e inferências relevantes para a investigação, observações e resultados obtidos a partir deste trabalho de investigação experimental que investiga a análise da sensibilidade e a formulação de uma relação empírica entre os parâmetros do processo FSW e a resistência à tração das juntas da liga de Mg AZ80A e a otimização multiobjectivo dos parâmetros durante a FSW das ligas de Mg AZ80A - AZ31B utilizando a análise relacional de Grey são discutidos resumidamente no capítulo 8th . Para além destes vários resultados experimentais e inferências, são também mencionadas neste capítulo algumas recomendações para a realização de trabalhos de investigação e experimentais subsequentes no que diz respeito à

área da FSW e à FSW de ligas de Mg.
8th capítulo.

CHAPTER 2

SOLDABILIDADE DO MAGNÉSIO E DAS SUAS LIGAS

2.1 INTRODUÇÃO

As tecnologias relevantes de união e soldadura são muito importantes na prática para o desenvolvimento bem sucedido de cada componente fabricado e produto final fabricado. Simultaneamente, estas tecnologias de junção tendem muitas vezes a consumir uma percentagem maior dos custos de fabrico e também geram maiores constrangimentos baseados na produção do que o esperado. Embora esteja disponível uma grande variedade de técnicas de união por fusão, uma das maiores complexidades para o engenheiro da secção de fabrico é escolher os processos de soldadura ideais, de modo a que as propriedades esperadas sejam atingidas de forma satisfatória a um custo mais baixo.

Além disso, mesmo pequenas modificações no material, no volume de produção do lote, no valor do componente final, na geometria do componente ou da peça, no dispositivo (ou equipamento) de soldadura disponível, etc., provaram ter um impacto significativo na seleção da técnica de soldadura adequada. Para pequenos lotes de peças e componentes intrincados, os processos de fixação são normalmente preferidos em comparação com as tecnologias de soldadura e, ao mesmo tempo, para grandes séries de produção, os processos de soldadura são normalmente preferidos, uma vez que o seu emprego será mais barato e resultará na obtenção de peças mais resistentes.

2.1.1 Ligas de Mg - Limitações e desvantagens

Verificou-se que as ligas de Mg possuem algumas desvantagens, incluindo uma maior suscetibilidade à oxidação, um baixo ponto de fusão (cerca de 650°C) durante a utilização de processos de união, uma formabilidade inferior à temperatura ambiente, etc. A formabilidade inferior durante cenários de temperatura ambiente foi atribuída à textura de categoria cristalográfica básica severa que surge devido aos deslizamentos basais conspícuos durante o tratamento termomecânico relevante. A arquitetura HCP (i.e., hexagonal compactada) das ligas de Mg abre caminho ao desenvolvimento de modos de deformação menores, devido à formabilidade inferior das ligas de Mg durante os cenários de temperatura ambiente.

O baixo ponto de fusão (cerca de 650°C) e a baixa temperatura de ebulição

(i.e., 1100°C) das ligas de Mg, por sua vez, contribui para a atração inter-molecular inferior dos átomos, para a arquitetura HCP (i.e., hexagonal closely packed) e para a anisotropia do tipo cristalográfico relevante. Esta baixa temperatura de fusão das ligas de Mg desempenha um papel significativo ao impedir a utilização das ligas de Mg a temperaturas relativamente mais elevadas. Para além disso, as ligas de Mg revelaram-se muito sensíveis às temperaturas, devido à diminuição dos seus módulos elásticos e da sua resistência com o aumento simultâneo das temperaturas. A percentagem de alongamento das ligas de Mg também aumenta com o aumento da temperatura, até atingir a temperatura de fusão das ligas de Mg e depois cai drasticamente para zero absoluto. Estes cenários têm dificultado o emprego de ligas de Mg numa grande variedade de aplicações de engenharia e outras aplicações relevantes.

2.1.2 Ligas de Mg - Desafios da soldadura

Até há poucas décadas, as ligas de magnésio não têm sido geralmente soldadas ou unidas, exceto no caso de alguns componentes e estruturas reparadas, devido à geração de várias falhas, incluindo fissuras, filmes de categoria de óxido, cavidades, etc. Ao mesmo tempo, nos últimos anos, o alargamento da área de aplicação das ligas de Mg, prevalece uma necessidade essencial e inevitável de identificar um processo de união fiável para soldar ligas de Mg. Além disso, como a maioria das ligas de Mg foram consideradas espinhosas para trabalhar, não foi a escolha comum da maioria dos soldadores. O magnésio metálico possui um ponto de inflamação de 833° F e incendeia-se facilmente. Foi provado que pode arder a uma temperatura de 4.000° F. Como é muito difícil de trabalhar, se não for escolhida uma metodologia de junção ou um processo de soldadura adequado e se as precauções de segurança não forem seguidas corretamente, a junção das ligas de Mg não será bem sucedida. Devem ser tomadas medidas de precaução suficientes durante a soldadura de ligas de Mg, devido às razões abaixo mencionadas:

- Extremamente inflamável - Quando o Mg se incendeia, o metal arde a 4.000°F

- Algumas ligas de Mg são submetidas a processos de tratamento térmico adequados, com o objetivo de aumentar a sua resistência e, devido a estes cenários de tratamento térmico, as ligas de Mg relevantes serão altamente sensíveis a temperaturas extremas. A resistência das ligas de Mg é afetada quando são sujeitas a cenários demasiado quentes.

- As aparas obtidas durante a retificação e a limpeza do Mg podem, por vezes, provocar incêndios. Assim, a área de soldadura das ligas de Mg tem de ser limpa de forma perfeita, após a conclusão do processo de raspagem relevante.

- Material poroso - A estrutura microscópica das ligas de Mg possui uma arquitetura minúscula e por isso as peças fundidas à base de Mg absorvem um grande volume de óleo, o que leva a maiores riscos de incêndio.

- Algumas ligas de Mg são propensas à corrosão sob tensão. As juntas de ligas de Mg que sofrem ataques corrosivos durante um período de tempo apresentam fissuras perto das regiões soldadas, se as tensões residuais não tiverem sido removidas através de processos adequados de alívio de tensões

- O Mg é um material muito agressivo e a sua taxa de oxidação aumenta com o aumento da temperatura. Além disso, o ponto de fusão destes óxidos é também muito elevado. Por isso, é necessário remover os revestimentos de óxido

Vários desafios e constrangimentos relacionados com a soldadura de ligas de Mg incluem o abaulamento e o alargamento da poça de fusão (especialmente para peças de trabalho mais espessas), a contaminação da região da junta com óxidos porosos, inclusões, declínio de atributos mecânicos relevantes (compromissos de resistência e ductilidade), subcotação, etc. Em alguns cenários, durante a soldadura de ligas de ligas de Mg, foram também registados cordões de junta irregulares e salpicos. Estas restrições e desafios prevalecentes degradam a integridade estrutural relevante das ligas de Mg, resultando assim na deterioração das caraterísticas mecânicas.

2.1.3 Abordagens para melhorar a soldabilidade das ligas de Mg

A integridade estrutural e a soldabilidade das ligas de Mg podem ser melhoradas através de duas abordagens distintas. Em primeiro lugar, o tipo de processo de soldadura (processos de soldadura por fusão ou processos de união em estado sólido) que está a ser escolhido para unir as ligas de Mg. A metodologia de soldadura utilizada para unir ligas de Mg tem impacto na ligação que ocorre na zona de fusão, nas regiões afectadas pelo calor e no seu efeito nas caraterísticas mecânicas e microestruturais das ligas de Mg. As técnicas utilizadas para unir ligas de Mg são principalmente processos de soldadura por fusão e processos de soldadura em estado sólido. As tecnologias comuns de soldadura por fusão que estão a ser utilizadas para unir ligas de Mg incluem TIG (ou seja, soldadura com gás inerte de tungsténio), soldadura MIG (ou seja, soldadura com gás inerte de metal), EBM (ou seja, soldadura por feixe de electrões), LBM (ou seja, soldadura por feixe de laser), etc. A soldadura por explosão e a soldadura por pontos por resistência são alguns dos principais processos de união em estado sólido que estão a ser utilizados para soldar ligas de Mg. A ilustração esquemática dos vários tipos de processos de fusão e de soldadura em estado sólido pode ser vista na Figura 2.1 (Zhang *et al.* 2011).

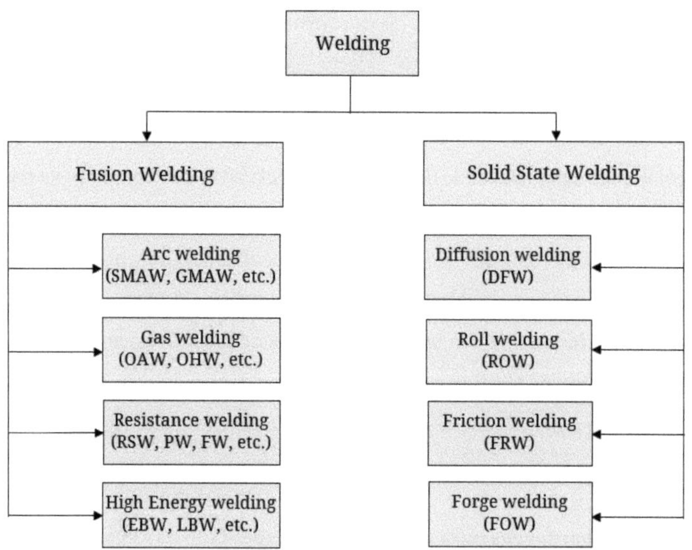

(Fonte: Zhang *et al.* 2011)

Figura 2.1 Vários tipos de processos de soldadura por fusão e em estado sólido

2nd abordagem é a otimização dos parâmetros dos processos de soldadura utilizados, de modo a reduzir os defeitos e as falhas e a melhorar a qualidade das peças soldadas. A otimização de técnicas de união distintas e o seu impacto nos atributos mecânicos das ligas de Mg provaram ser muito importantes. A integridade estrutural associada é diretamente relevante para a qualidade das juntas fabricadas e é determinada pelos parâmetros dos processos de soldadura utilizados. Estes parâmetros dos processos de soldadura baseados na fusão incluem normalmente a polaridade, a corrente de soldadura, o diâmetro do elétrodo, a qualidade do meio e dos gases de proteção utilizados, a orientação do elétrodo, a tensão de soldadura, a velocidade de deslocação do arco, a velocidade de alimentação do elétrodo, a extensão do elétrodo de fio utilizado, etc.

2.2 TÉCNICAS DE SOLDADURA POR FUSÃO

As técnicas de soldadura por fusão envolvem o emprego de calor para soldar dois metais ou materiais ou componentes mecânicos relevantes, fundindo-os até ao respetivo ponto de fusão. Estas técnicas de soldadura empregam metal de enchimento ou material de enchimento de acordo com o metal a ser soldado, o desenho da junta e a montagem da junta. Estes processos não utilizam pressão de soldadura para obter juntas ou soldaduras. Devido às transformações de fase a temperaturas superiores intrínsecas a estas técnicas de soldadura, foi criada uma zona de impacto térmico nas chapas metálicas a unir utilizando os processos de soldadura por fusão. Algumas das técnicas de soldadura por fusão amplamente utilizadas são discutidas nas secções seguintes.

2.2.1 GTAW - Restrições na soldadura de Mg

O processo de soldadura GTAW (ou seja, soldadura por arco de tungsténio gasoso) é também por vezes referido como processo de soldadura TIG (ou seja, gás inerte de tungsténio) e este processo GTAW exige a geração de um arco elétrico, através do qual é adquirido o calor necessário para unir metais. Neste processo de união por fusão, são utilizados eléctrodos à base de tungsténio de categoria não consumível. Durante este processo GTAW, os metais a soldar são fundidos e a poça de metal fundido resultante é protegida por uma atmosfera de gás inerte, com o objetivo de evitar contaminações atmosféricas relevantes. Os gases inertes utilizados durante o processo GTAW incluem o hélio, o azoto e o árgon.

Um dos inconvenientes notáveis do processo GTAW é o facto de as soldaduras fabricadas apresentarem defeitos de soldadura, nomeadamente poros, grãos grosseiros e a existência destes poros degrada a qualidade e a integridade das estruturas soldadas. Além disso, estas estruturas de grão grosseiro facilitam os movimentos de deslocação, abrindo assim caminho para a propagação de fissuras. Outro demérito deste processo GTAW é o facto de consumir muito tempo quando comparado com outros processos de união por fusão e de o operador ter de receber formação especializada para realizar o processo GTAW. Nos últimos anos, embora o processo GTAW tenha sido empregue para unir ligas de Mg, até agora o problema da geração de óxido na superfície durante a união de ligas de Mg não pode ser resolvido facilmente.

Abaixo são mencionados vários passos de precaução que devem ser tomados durante a união de ligas de Mg utilizando o processo GTAW:

- As superfícies das ligas de Mg devem ser limpas cuidadosamente com uma escova de aço inoxidável

- Antes de soldar ligas de Mg utilizando o processo GTAW, as peças de liga de Mg têm de ser limpas utilizando um galão de solução contendo misturas de 23 onças de ácido crómico, 1/15 onças de fluoretos de potássio, 5-1/4 onças de nitrato férrico, juntamente com um volume suficiente de água

- É também essencial limpar as varetas de enchimento utilizadas durante a soldadura de ligas de Mg utilizando o processo GTAW

- Durante o processo GTAW de ligas de Mg, deve ser utilizada uma corrente de soldadura de categoria AC, um meio de proteção composto por árgon puro, tungsténio de zircónio para proteger perfeitamente a poça de fusão dos metais
- Pode também ser utilizada uma mistura de gases de hélio e árgon como meio de proteção durante a soldadura por arco elétrico de ligas de Mg, especialmente quando se prevê um aumento da temperatura de pico e para uma melhor ação de limpeza

2.2.2 GMAW - Restrições na soldadura de Mg

O processo de soldadura GMAW (ou seja, soldadura por arco de metal a gás) é também por vezes referido como processo de soldadura MIG (ou seja, gás inerte metálico) que exige um elétrodo de tipo fio para fundir e solidificar os metais de base a soldar. O processo GMAW utiliza um elétrodo de fio contínuo do tipo sólido, que é sujeito a calor e depois alimentado na poça de fusão a partir da pistola de soldadura. Esta pistola também alimenta o gás de proteção ao longo do lado do elétrodo, a fim de proteger a poça de fusão de vários contaminantes da categoria transportados pelo ar.

O processo GMAW é um dos mais antigos processos de união por fusão e foi inventado em 1949 para unir ligas de alumínio. Durante este processo GMAW, a poça de fusão e o arco foram produzidos utilizando um elétrodo do tipo fio nu, protegido por um gás hélio, fornecido durante a fusão dos metais de base. Durante os anos 50, este processo GMAW tornou-se muito famoso no Reino Unido para unir ligas de alumínio empregando árgon como meio de proteção e para soldar aços à base de carbono empregando dióxido de carbono como meio de proteção. O dióxido de carbono e as misturas de dióxido de carbono e árgon foram também utilizados como meios de proteção durante o processo GMAW, uma vez que a utilização destes meios de proteção melhora a taxa de deposições e a produtividade.

Quando comparado com o processo GTAW, o processo GMAW não é muito utilizado para unir ligas de Mg devido às razões abaixo mencionadas:

- Quando o processo GMAW foi empregue para soldar ligas de Mg, as juntas fabricadas apresentavam várias falhas, incluindo microfissuras, poros, cordões de junta, micro segregação, etc.
- Verificou-se que as juntas de liga de Mg fabricadas por GMAW possuem resistências à tração e percentagens de alongamento inferiores às das juntas de liga de Mg obtidas pelo processo GTAW
- Quando a soldadura GMAW é efectuada a velocidades de soldadura mais baixas para unir ligas de Mg, leva à geração de bolhas indesejadas, o que degrada a integridade estrutural das juntas, afectando assim seriamente as propriedades mecânicas das juntas de ligas de Mg

2.2.3 EBW - Restrições na Soldadura de Mg

O processo EBW (ou seja, soldadura por feixe de electrões) emprega um fluxo espesso de feixes de electrões focados a uma velocidade superior, que incidem sobre os metais de base a soldar e os fundem, de modo a obter uma junta. O processo EBW pode ser classificado como uma tecnologia de união de metais que ocorre normalmente dentro de uma câmara de vácuo, utilizando um feixe de electrões de energia superior para aquecer os metais de base a soldar. Este feixe de electrões de energia superior funde os materiais ou metais de base a soldar, gerando um buraco de fechadura, seguido da sua solidificação à medida que se funde com o outro elemento metálico de base.

Durante o processo EBW, um canhão de electrões funciona como fonte de geração do feixe de electrões e é composto por um ânodo de vácuo superior e um cátodo de tungsténio. Durante o processo EBW, os feixes de electrões são dirigidos para os metais de base a soldar, de modo a que a capacidade dos metais de base de esgotar a condução de electrões seja ultrapassada. Esta entrada de calor resulta então em vaporização, fusão e ionização.

Embora o processo EBW possua várias vantagens, incluindo uma precisão perfeita, distorção minimizada, ausência de impurezas, propriedades de resistência superiores, etc., a utilização do processo EBW para soldar ligas de Mg não tem sido muito utilizada devido às razões abaixo mencionadas:

- O processo EBW é muito dispendioso e necessita de uma manutenção regular para garantir que o equipamento EBW está a funcionar corretamente

- O processo EBW é um processo muito complexo e têm de ser praticadas normas de segurança perfeitas durante este processo, devido à utilização de radiação e raios X

- A dimensão da câmara de vácuo utilizada durante o processo EBW limita a quantidade e a dimensão das ligas de Mg a soldar

- Gerar o vácuo no interior da câmara é uma tarefa complexa, uma vez que requer bombagem e, normalmente, consome muito tempo.

- As juntas de ligas de Mg à base de AZ fabricadas pelo processo EBW apresentam defeitos superficiais de base térmica e penetrações profundas.

- Verificou-se também que a zona de fusão das ligas à base de AZ das juntas de Mg fabricadas pelo processo EBW possui propriedades mecânicas inferiores (especialmente resistência e dureza reduzidas) devido à presença de estruturas de grão grosseiro e porosidades. A presença destas estruturas de grão grosseiro e porosidades deveu-se principalmente à solidificação da zona de fusão

2.2.4 LBW - Restrições na soldadura de Mg

O processo LBW (ou seja, soldadura por feixe de laser) utiliza feixes de laser para soldar materiais. O LBW é um processo de junção baseado na fusão de grande densidade de potência que gera juntas de aspeto superior com um baixo volume de entrada de calor quando comparado com o das técnicas de soldadura por arco. O processo LBW pode ser realizado no vácuo e o fornecimento baseado em fibras ópticas de feixes laser do tipo estado sólido, comparativamente infravermelhos, produz uma flexibilidade acrescida em comparação com outras técnicas de soldadura. O furo de chave e a condução são os dois principais modos do processo LBW.

A união de metais pelo processo LBW utilizando o modo de condução é efectuada a densidades de potência inferiores a 104W/cm^2. A maior parte dos feixes de laser é absorvida na superfície dos metais de base a soldar, possuindo um poder de penetração insignificante. Como resultado, as soldaduras obtidas através do modo de condução do processo LBW possuem uma relação largura/profundidade muito maior. O modo de furo de fechadura do processo LBW tem lugar a densidades de potência comparativamente maiores do que 104W/cm^2. Ao introduzir feixes de laser com densidades de potência superiores a 104W/cm^2, a região de concentração dos feixes de laser é fundida e vaporizada antes da ocorrência da condução. O feixe focalizado gera uma cavidade, uma vez que penetra na superfície dos metais de base e é gerado um buraco de fechadura cheio de vapor ionizado, levando assim à geração de plasma.

Embora o processo LBW possua vários méritos como a geração de juntas fiáveis com precisão superior, versatilidade e velocidade, tem certas limitações que dificultam o seu emprego para soldar ligas de Mg e são as seguintes:

- A utilização do processo LBW para soldar ligas de Mg conduz, por vezes, à formação de poros nas juntas soldadas e o mecanismo distintivo que contribui para a geração de poros nas juntas de ligas de Mg inclui um orifício de chave instável, aprisionamento de gases, revestimento inadequado das superfícies, etc.
- As ligas de Mg não podem ser soldadas facilmente utilizando o processo LBW, uma vez que estas ligas têm um grau inferior de absorção dos feixes de laser, fortes tendências para a oxidação e uma maior condutividade térmica
- Uma vez que as ligas de Mg possuem uma afinidade superior para o hidrogénio no estado líquido e uma maior retração baseada na solidificação, a utilização do processo LBW para unir ligas de Mg resultará na geração de fissuras solidificadas e fissuras baseadas na liquefação na zona afetada pelo calor.
- Verificou-se que as juntas de liga de Mg soldadas por feixe de laser apresentam uma piscina de junta instável, perda de ingrediente de liga à base de Zr, devido aos cortes inferiores e à vaporização dos ingredientes de liga
- O processo LBW não pode ser utilizado para soldar secções mais espessas de chapas ou folhas de ligas de Mg, devido ao facto de ocorrer uma redução da profundidade de penetração dos feixes de laser devido à perda de energia nos feixes de laser, à medida que penetram mais profundamente nos metais de base.

2.3 TÉCNICAS DE SOLDADURA DE ESTADO SÓLIDO

Os processos de soldadura em estado sólido referem-se às técnicas de união durante as quais a união de materiais ocorre devido ao emprego de pressão apenas ou devido à fusão de pressão e calor. Durante o emprego de calor nos processos de soldadura no estado sólido, a temperatura do respetivo processo de união será tal que é inferior ao ponto de fusão dos metais de base a serem soldados. Nas técnicas de soldadura em estado sólido, não são utilizados metais de adição. Ao mesmo tempo, o calor necessário para realizar a soldadura é obtido a partir das superfícies de contacto, devido ao movimento de uma peça fixa em relação a outra peça móvel. Este conceito de desenvolvimento de calor é conseguido principalmente por meio de pressão aplicada ou por meio de temperatura aplicada, desde que a temperatura seja inferior ao ponto de fusão dos metais de base a serem soldados.

Em alguns processos de soldadura no estado sólido, o mecanismo de ligação é conseguido através da difusão de átomos da categoria interfacial. A ilustração esquemática de alguns dos processos de soldadura no estado sólido mais utilizados está representada na Figura 2.2 (Staiger *et al.* 2010). Um dos méritos únicos dos processos de soldadura no estado sólido é o facto de as juntas obtidas estarem comprovadamente livres de várias falhas e porosidades típicas da soldadura, que são frequentemente encontradas em juntas obtidas durante o emprego de processos tradicionais de junção baseados na fusão. Outra caraterística atractiva destes processos de soldadura em estado sólido é que quaisquer transições de fase relevantes que ocorram devido à evolução das microestruturas são insignificantes, devido à aplicação de pouco ou nenhum calor durante os processos de união.

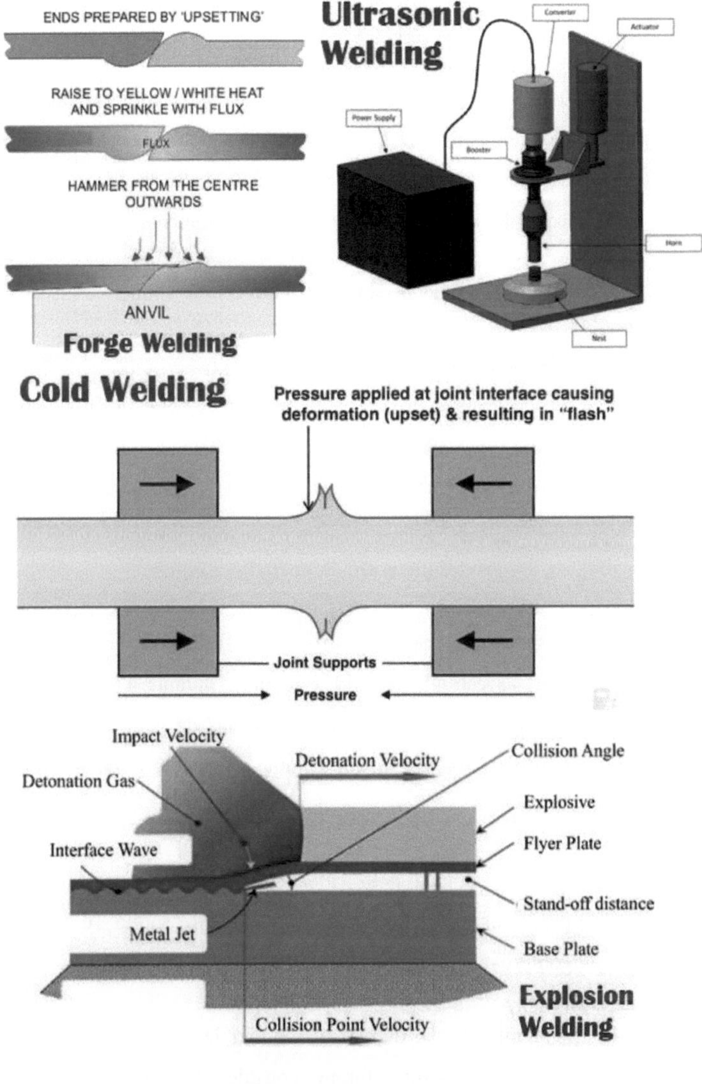

(Fonte: Staiger *et al.* 2010)

Figura 2.2 Ilustração esquemática de vários tipos de processos de soldadura em estado sólido

Além disso, as propriedades mecânicas relevantes e o acabamento superficial das estruturas soldadas obtidas utilizando processos de soldadura em estado sólido são muito melhores quando comparados com os processos tradicionais de soldadura por fusão. Como a fusão dos metais de base não ocorre durante os processos de soldadura no estado sólido, o aspeto das juntas soldadas é muito perfeito e possui também atributos mecânicos melhorados.

2.3.1 Méritos das técnicas de soldadura em estado sólido

Uma das caraterísticas mais atractivas dos processos de soldadura em estado sólido é o facto de estes processos gerarem coalescência a temperaturas inferiores à temperatura de fusão dos metais de base, sem qualquer necessidade de metais de adição para brasagem. A ligação baseada na metalurgia é produzida sem a fusão dos materiais de base. Os processos de soldadura no estado sólido têm vários méritos, alguns dos quais são enumerados a seguir:

- Uma vez que não há solidificação e fusão dos metais de base a unir, as estruturas soldadas obtidas durante a soldadura em estado sólido estão totalmente isentas de geração de tensões residuais e possuem um volume de distorção razoavelmente baixo

- A zona afetada pelo calor das juntas obtidas durante os processos de soldadura em estado sólido é também comprovadamente muito mais estreita

- As juntas obtidas durante o emprego de processos de soldadura de estado sólido foram consideradas como tendo um acabamento de superfície exemplar e uma aparência de junta elegante

- Durante os processos de soldadura em estado sólido, as propriedades mecânicas relevantes dos materiais de base não são danificadas, uma vez que a fusão não ocorre

- A utilização de processos de soldadura em estado sólido para unir materiais elimina as fases líquidas e a pureza metalúrgica relevante é mantida de forma perfeita

- Os processos de soldadura em estado sólido eliminam a necessidade de fluxos, materiais de enchimento e meios de proteção

- Tanto materiais semelhantes como dissemelhantes podem ser soldados entre si através da utilização de técnicas de soldadura em estado sólido

- Os processos de soldadura em estado sólido podem ser utilizados em diferentes condições de temperatura e sob diferentes cenários de tensão

- Os processos de soldadura de estado sólido podem ser automatizados de uma forma mais fácil

2.3.2 Aplicações das técnicas de soldadura no estado sólido

As técnicas de soldadura em que não ocorre a fusão das superfícies relevantes dos materiais de base são designadas por processos de soldadura em estado sólido. Tal como as técnicas de soldadura por fusão, durante a utilização dos processos de soldadura em estado sólido, o calor não é aplicado em grande medida. Ao mesmo tempo, a fim de obter uma soldadura de boa qualidade, é aplicada pressão e, por conseguinte, estes processos de soldadura em estado sólido são também designados como técnicas de soldadura por pressão. Também deve ser notado que, em certos cenários, durante os processos de soldadura de estado sólido, os materiais de base são por vezes aquecidos a uma temperatura de pico, mas esta temperatura de pico atingida será sempre inferior à temperatura de fusão dos metais de base. Algumas das aplicações dos processos de soldadura no estado sólido são mencionadas abaixo:

- Colagem por termo-compressão e ultra-sons para utilização em indústrias relevantes para a micro-eletrónica
- Revestimento de alumínio a ser colado a barras de combustível de urânio
- Soldadura de válvulas de escape e de admissão para vários automóveis
- Ligação de revestimentos (em aço inoxidável) para utilização em frigideiras de alumínio
- Fabrico de vários componentes automóveis, marítimos, espaciais e aeronáuticos

2.4 FSW

O FSW (ou seja, soldadura por fricção) é um tipo importante e inovador de processo de soldadura em estado sólido e este processo FSW torna viável a soldadura de materiais semelhantes e distintos que eram impossíveis ou difíceis de soldar por meio de processos de soldadura tradicionais e outros. O processo FSW utiliza um tipo de ferramenta não consumível para unir peças de trabalho sem derreter os materiais de base. Durante o processo FSW, o calor é obtido devido à fricção entre o material da peça de trabalho e a ferramenta rotativa, o que resulta numa porção amolecida mais próxima da porção da ferramenta.

2.4.1 História e princípio de funcionamento

O conceito generalizado de FSW foi patenteado pela primeira vez na Rússia (antiga União Soviética) por One Yu. Klimenko no ano de 1967. Embora o conceito de FSW tenha sido patenteado em 1967, não foi desenvolvido numa tecnologia ou processo comercial bem sucedido durante os 23 anos seguintes. Após
23 anos, o conceito de FSW foi praticamente comprovado, exposto e comercializado no ano de 1991 por Thomas Wayne no TWI (The Welding Institute) localizado em Cambridge, Grã-Bretanha. Foi nesse mesmo ano de 1991 que o TWI patenteou comercialmente o processo FSW e demonstrou o seu potencial e capacidade de forma prática.

A Figura 2.3 apresenta uma ilustração esquemática do princípio de funcionamento do processo FSW (Kirkland *et al.* 2009). O processo de FSW foi normalmente efectuado com uma ferramenta do tipo rotativo que possui um ombro cilíndrico e um perfil (ou geometria) único de pino (ou sonda) e o diâmetro deste pino será sempre inferior ao diâmetro do ombro da ferramenta. Durante a soldadura por fricção (FSW) de juntas de topo, a ferramenta com uma geometria de cavilha única é introduzida gradualmente na linha de junção das duas placas planas (metais de base), sendo fixada rigidamente em ambos os lados (com a ajuda de um conjunto de fixação especialmente concebido) e a cavilha da ferramenta é inserida até perfurar a região inferior da linha de junção das chapas planas (a soldar) e o ombro desta ferramenta toca a superfície das chapas dos metais de base, de modo a estabelecer um contacto perfeito entre o ombro da ferramenta e a superfície dos metais de base. A ferramenta é então posta a rodar a uma velocidade de rotação adequada com a ajuda da máquina FSW utilizada e a ferramenta é então posta a deslocar-se ao longo da linha de junção.

À medida que o ombro da ferramenta roda a uma velocidade de rotação adequada e mais rápida na superfície dos metais de base, gera calor por fricção entre a ferramenta rotativa não consumível e a superfície dos materiais de base. Este calor de fricção gerado, juntamente com a ação de agitação mecânica do pino da ferramenta (inserido na linha de junção dos materiais de base) e o movimento do ombro da ferramenta a uma velocidade de deslocação específica ao longo da linha de junção, leva ao amolecimento dos materiais agitados, sem os fundir. À medida que o ombro da ferramenta avança, a geometria única do pino da ferramenta força estes materiais plastificados a deslocarem-se da aresta dianteira para as arestas traseiras, onde as grandes forças ajudam a gerar uma unificação forjada da junta.

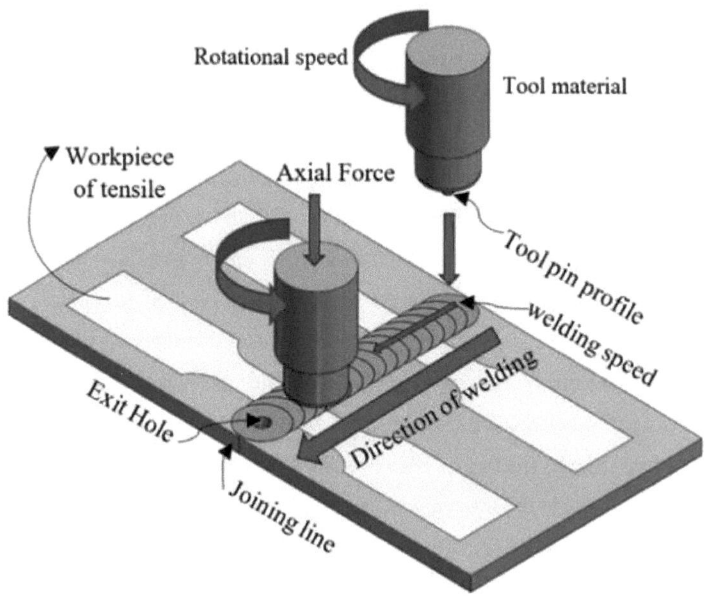

(Fonte: Kirkland *et al.* 2009)

Figura 2.3 Ilustração do princípio de funcionamento do processo FSW

2.4.2 FSW - Méritos atractivos

Tal como outros tipos de processos de soldadura em estado sólido, o processo FSW também provou ser principalmente em estado sólido no modo de funcionamento. Por esta razão, as estruturas soldadas obtidas por meio do processo FSW foram registadas como isentas de defeitos relevantes para a solidificação. A categoria convencional de processos de soldadura por fricção do tipo rotativo exige a rotação de pelo menos uma das peças a soldar e, consequentemente, constitui um obstáculo à soldadura de estruturas e peças legítimas. Do mesmo modo, a categoria linear de processos de soldadura por fricção de tipo alternativo exige o movimento das peças (ou placas) a soldar em conjunto e, como resultado, tem de ser previsto um movimento de frente e de trás das peças para gerar a fricção.

As limitações acima mencionadas que prevalecem com os processos de soldadura por fricção desempenham um papel vital na restrição da geometria das estruturas a serem unidas e no desenho das juntas. Por outras palavras, durante a utilização destes processos convencionais de soldadura por fricção, as peças e estruturas a unir têm de ser rodadas ou movidas em relação ao eixo, de modo a fabricar as juntas. Ao mesmo tempo, o processo FSW é um tipo inovador de processo de soldadura em estado sólido que quebra todas as limitações e constrangimentos práticos acima mencionados e proporciona um maior grau de resiliência, realiza juntas de boa qualidade sem utilizar quaisquer varetas de enchimento, gases de proteção e sem geração de quaisquer fumos. Como resultado, o processo FSW é também designado por processo de junção verde.

O processo FSW possui vários méritos e caraterísticas atractivas e alguns dos méritos atractivos do processo FSW são enumerados a seguir:

- Não é necessário limpar a superfície das estruturas a unir. Mesmo as superfícies laterais das estruturas não precisam de ser limpas, pelo que o processo FSW permite poupar muito tempo, que seria normalmente consumido em processos de limpeza auxiliares relevantes.

- Gama mais vasta de velocidades de funcionamento e fabrico de juntas a um ritmo mais rápido quando comparado com as técnicas de soldadura convencionais, incluindo a soldadura TIG, a soldadura MIG, a soldadura por arco submerso, etc.

- O processo FSW possui a capacidade de fabricar estruturas soldadas numa grande variedade de posições e orientações e os vários tipos de formas que podem ser soldadas utilizando o processo FSW estão ilustrados na Figura 2.4 (Wang *et al.* 2020).

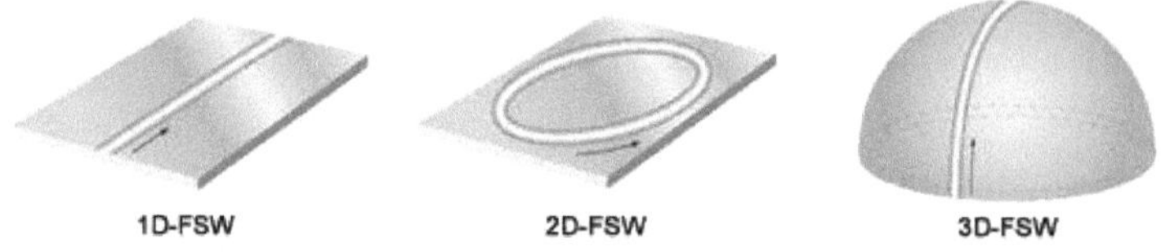

(Fonte: Wang *et al.* 2020)

Figura 2.4 Vários tipos de formas soldadas entre si utilizando o processo FSW

- Não é necessário arrefecer as juntas fabricadas através do processo FSW. Como resultado, os custos relevantes são reduzidos de forma drástica e a eficácia da junta fabricada é aumentada

- Uma vez que a microestrutura da junta obtida através do processo FSW é muito semelhante às caraterísticas do metal de base, as deformações são reduzidas em maior medida e conduzem a uma maior resistência pós-soldadura das juntas

- As juntas fabricadas através do processo FSW possuem um notável grau de estética, juntamente com um acabamento superficial perfeito, eliminando assim a necessidade de qualquer tipo de processos de pós-limpeza

- O processo FSW é um processo de junção completamente fácil de utilizar, pode ser efectuado com um período mínimo de formação e o custo do equipamento FSW é também muito razoável

- Verificou-se que as juntas fabricadas pelo processo FSW estavam isentas de todos os tipos de defeitos relacionados com a fusão, incluindo fissuras, furos, poros, etc.

- O mais elevado grau de segurança do operador é outro mérito atrativo do processo FSW, uma vez que este processo é totalmente isento de gerar fumos tóxicos, gases perigosos, radiações, salpicos de fusão, etc.

- O ciclo completo da junta pode ser repetido qualquer número de vezes, uma vez que todo o processo FSW pode ser automatizado muito facilmente.

- A contração da junta foi minimizada durante o processo FSW, devido à geração de valores de temperatura de pico mais baixos

- O processo FSW provou ser muito eficiente em termos de energia e também elimina a necessidade de preparação das arestas

- Verificou-se que as juntas obtidas durante o processo FSW têm uma deflexão mínima ou nula e a deflexão das juntas soldadas por fricção é inferior a $1/10^{th}$ deflexão observada nas juntas obtidas utilizando o processo de soldadura por arco, como se pode ver na Figura 2.5 (Radha & Sreekanth 2017)

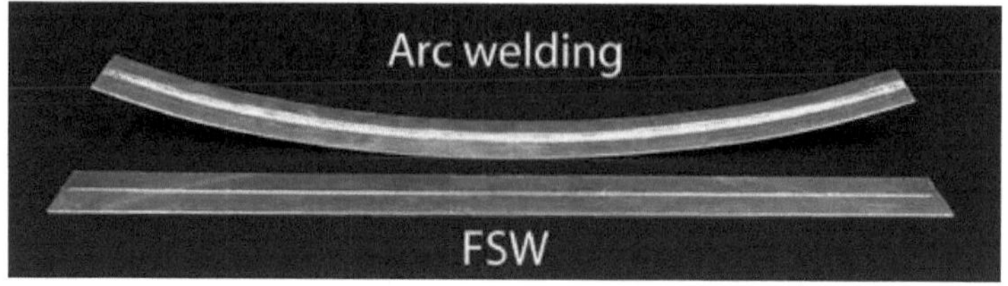

(Fonte: Radha & Sreekanth 2017)

Figura 2.5 Comparação da deflexão das juntas obtidas utilizando os processos de soldadura FSW e de soldadura por arco

2.5 FSW - ELEMENTOS E PARÂMETROS TECNOLÓGICOS

O processo FSW, após a sua invenção em 1991, foi objeto de atenção em todo o mundo e tem sido utilizado para a produção em grande escala a partir de 1996. Como os metais de base não são fundidos e a soldadura ocorre a temperaturas inferiores ao ponto de fusão dos materiais de base, obtém-se uma junta de qualidade superior. Devido às suas caraterísticas únicas, o processo FSW é largamente utilizado para fins de produção e investigação em vários sectores, incluindo o automóvel, caixas electrónicas, contentores de resíduos nucleares, permutadores de calor, refrigeradores, construção de navios e submarinos, ferroviário, aeroespacial, etc. Para realizar o processo FSW de forma perfeita, é necessário ter essencialmente em consideração os quatro elementos importantes abaixo mencionados:

- Elementos de fixação
- Geometria da ferramenta
- Controlo da força utilizada axialmente
- Parâmetros do processo FSW

2.5.1 Elementos de fixação

Os elementos de fixação (incluindo o conjunto de gabaritos e dispositivos) desempenham várias funções que ajudam a realizar com êxito o processo de união baseado em FSW. Estes elementos de fixação são concebidos e fabricados de forma exclusiva para manter juntas as peças a soldar utilizando o processo FSW. As várias funções desempenhadas por estes elementos de fixação incluem:

- Placa de apoio: Uma placa de apoio será posicionada sob a superfície das peças a serem soldadas por fricção, de modo a compensar a pressão do tipo vertical, exercida durante a rotação do ombro da ferramenta inserida e o movimento do pino da ferramenta

- Fixação ao longo do eixo Z: A fixação das peças a soldar por fricção ao longo do eixo Z impedirá o movimento ascendente dessas peças e esta fixação baseada no eixo Z impedirá também o levantamento das peças de trabalho durante o processo FSW

- Fixação ao longo dos eixos X e Y: As peças a soldar por fricção são também fixadas ao longo dos eixos X e Y, ou seja, são colocados pontos de paragem nos lados das peças de trabalho, de modo a evitar que as placas a soldar se afastem e escorreguem.

Estes elementos de fixação, ou seja, o conjunto de gabaritos utilizado para o processo FSW, são de dois tipos, nomeadamente automáticos e manuais. Para a soldadura por fricção, pequenos protótipos ou séries de peças, é geralmente preferível a montagem de gabaritos de fixação do tipo manual, devido ao seu custo mais baixo. Para unir componentes e peças de grandes dimensões, é preferível a montagem de gabaritos de fixação do tipo automático, uma vez que a utilização do tipo automático será muito vantajosa quando comparada com a dos gabaritos de fixação do tipo manual. Os dispositivos de fixação automáticos são de duas categorias, nomeadamente pneumáticos (que utilizam ar pressurizado) e hidráulicos (que utilizam óleo sob pressão). A ilustração gráfica da metodologia de fixação das placas a serem soldadas por fricção é apresentada na Figura 2.6 (Bamberger & Dehm 2008).

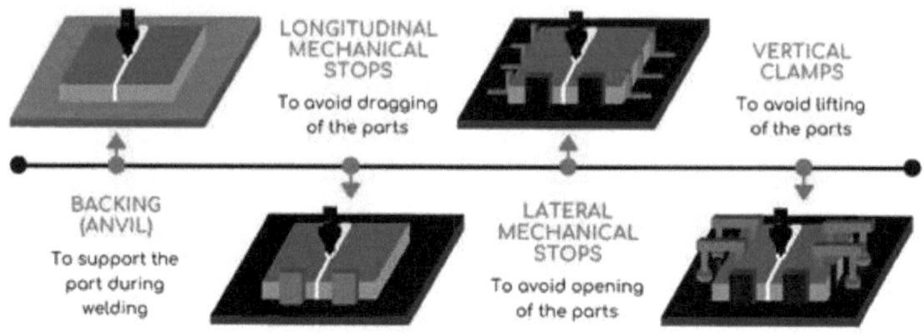

(Fonte: Bamberger & Dehm 2008)

Figura 2.6 Metodologia de fixação das placas a soldar por fricção

2.5.2 Geometria da ferramenta

A ferramenta utilizada durante o processo FSW é composta por duas regiões principais, nomeadamente o pino e o ombro, como ilustrado na Figura 2.7 (Mohamed *et al.* 2021). O ombro da ferramenta utilizada no processo FSW tem normalmente uma forma cilíndrica e desempenha a função de aquecer os materiais (a unir) por meio de calor de fricção e assegura que a mistura adequada dos materiais ocorre, contribuindo assim para a geração de juntas sem defeitos. O diâmetro do ombro da ferramenta é decidido com base na espessura das chapas a soldar por fricção.

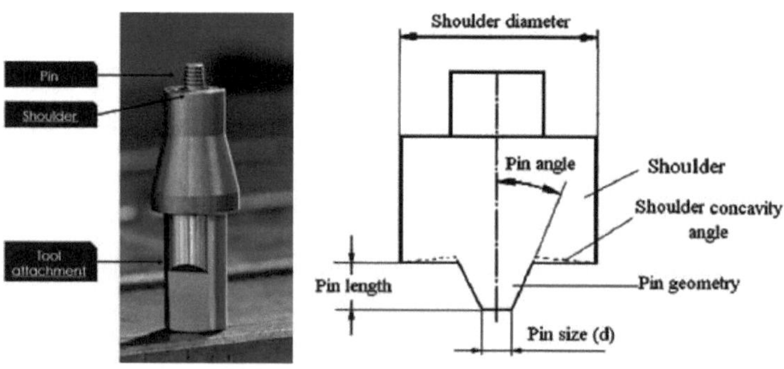

(Fonte: Mohamed H El-Moayed *et al.* 2021)

Figura 2.7 Várias partes da ferramenta utilizada durante o processo FSW

Durante o processo FSW, o ombro da ferramenta será posicionado de forma a entrar em contacto estreito com a superfície das chapas (a soldar) e, quando a ferramenta roda, o ombro roça contra as chapas, levando à geração de calor de fricção nos volumes necessários e este calor de fricção gerado amolece as chapas a soldar. O ombro da ferramenta será concebido de modo a que a sua dimensão e forma retenham as chapas a soldar e evitem o movimento dos materiais amolecidos da área da junta.

O pino da ferramenta utilizada durante o processo FSW possui uma geometria única e esta geometria do pino tem o objetivo de permitir uma mistura perfeita do material plastificado, à medida que o pino roda dentro da superfície das placas. Devido à sua geometria única, o pino penetra nas peças a serem unidas e deforma plasticamente o material; um volume adicional de calor será então fornecido, devido a este impacto de cisalhamento.

O comprimento do pino da ferramenta a utilizar durante o processo FSW é determinado com base na espessura das chapas a unir e na configuração da junta (ou seja, configuração de topo, em T ou sobreposta). Se o comprimento do pino da ferramenta for mais curto, não será suficiente para penetrar na espessura da placa até ao nível necessário. Ao mesmo tempo, se o comprimento do pino da ferramenta for mais longo, isso levará à danificação das placas de apoio. A escolha da geometria do pino é determinada pelo material a ser soldado, pela espessura do material e pelos parâmetros a serem utilizados durante o processo FSW.

2.5.3 Controlo da força utilizada axialmente

O controlo da força axial utilizada é outro elemento importante para a obtenção de juntas de boa qualidade utilizando o processo FSW. Antes de realizar o processo FSW, é necessário determinar o volume de força a exercer sobre a ferramenta rotativa e regular o exercício desta força axial de forma perfeita, até à conclusão do percurso da ferramenta rotativa ao longo da linha de soldadura. Esta força exercida axialmente desempenha um papel importante na determinação da compacidade das juntas fabricadas e ajuda a evitar falhas relacionadas com a porosidade.

A ilustração gráfica do impacto da realização do processo FSW com e sem controlo da força exercida é apresentada na Figura 2.8 (Blawert *et al.* 2010). O controlo da força exercida permite o perfeito posicionamento da ferramenta, evita variações decorrentes do relevo da superfície das chapas a soldar. Para conseguir uma penetração satisfatória da ferramenta e garantir uma boa qualidade da soldadura, é essencial que a força empregue seja mantida a um nível constante durante todo o processo FSW. Durante a maior parte do processo FSW, os operadores registam a quantidade de força exercida de modo a assegurar o controlo da qualidade e a repetibilidade satisfatória das juntas.

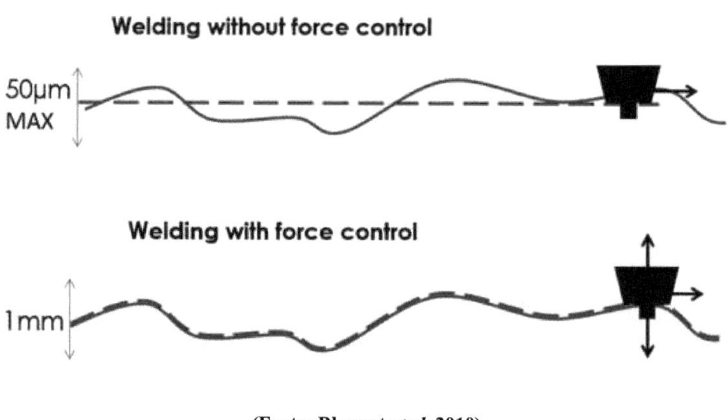

(Fonte: Blawert *et al.* 2010)

Figura 2.8 Impacto da realização do processo FSW com e sem controlo da força exercida

2.5.4 Parâmetros do processo FSW

A velocidade de rotação da ferramenta, a velocidade de deslocação da ferramenta e a força axial exercida foram alguns dos parâmetros mais importantes do processo FSW que provaram ter um papel vital na determinação da qualidade das juntas. A ilustração gráfica destes três parâmetros acima mencionados do processo FSW pode ser vista na Figura 2.9 (Gusieva *et al.* 2015).

A força exercida axialmente durante o processo FSW é calculada em kN (ou seja, kilo Newton) e é designada por força axial ou força do eixo Z. Se esta força empregue for demasiado pequena, conduzirá a uma penetração insuficiente do pino da ferramenta na superfície das chapas a soldar e resultará na geração de vários defeitos de soldadura, incluindo defeitos de túnel, etc. Ao mesmo tempo, se a força exercida for muito maior, então o pino da ferramenta será empurrado muito mais profundamente na superfície da peça de trabalho e resultará na redução da secção da junta.

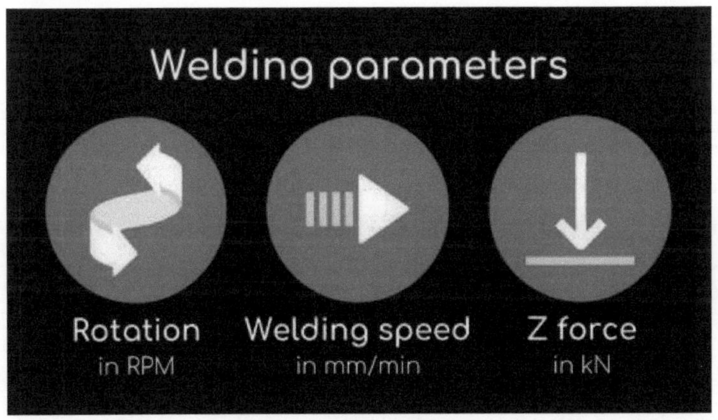

(Fonte: Gusieva *et al.* 2015)

Figura 2.9 Parâmetros importantes do processo FSW

O movimento de rotação da ferramenta em torno do eixo da ferramenta é designado por velocidade de rotação da ferramenta e é medido em termos de RPM (i.e., rotações por minuto). A velocidade de rotação da ferramenta tem um impacto importante na temperatura gerada durante o processo FSW e na formação de constituintes intermetálicos. A velocidade de rotação da ferramenta tem dois objectivos principais, a seguir mencionados:

- Ao influenciar a geração de calor por fricção, a velocidade de rotação da ferramenta tem impacto na deformação plástica

- A velocidade de rotação da ferramenta fornece o volume de força necessário à ferramenta durante a sua deslocação ao longo da linha de soldadura e, consequentemente, influencia o fluxo do material amolecido, o tamanho da zona de pepitas, a formação de constituintes intermetálicos (i.e., IMCs) e o desgaste da ferramenta

Velocidades de rotação mais baixas da ferramenta durante o processo FSW conduzem a um menor volume de entrada de calor, a uma temperatura de pico insuficiente e, como resultado, não ocorrerá uma deformação plástica adequada na zona do nugget, conduzindo assim à geração de fissuras de tamanho macro, falhas do tipo canal, etc. Ao mesmo tempo, velocidades de rotação maiores da ferramenta conduzem a uma ligação incorrecta dos materiais plastificados e resultam na geração de defeitos como fissuras e vazios.

A velocidade transversal da ferramenta ou a velocidade de soldadura é a velocidade a que a ferramenta se desloca ao longo da linha da junta. Foi provado que a velocidade transversal tem um impacto inevitável na qualidade e nas caraterísticas microestruturais das soldaduras fabricadas. A velocidade de deslocação é calculada em termos de mm/min. A entrada de calor de fricção provou ser inversamente proporcional à velocidade de deslocação. Velocidades transversais mais elevadas gerarão calor de fricção insuficiente, levando ao desenvolvimento de uma interface de soldadura incompleta e estas juntas apresentarão defeitos, incluindo buracos de minhoca, vazios, cortes inferiores, etc.

Ao mesmo tempo, a utilização de uma velocidade transversal mais baixa conduzirá à geração de um enorme volume de calor de entrada, deformando assim plasticamente um maior volume de materiais amolecidos e, como resultado, será desenvolvida uma maior quantidade de constituintes intermetálicos na zona da pepita. A presença destes IMCs reduzirá a resistência das juntas fabricadas, uma vez que estes IMCs são muito duros e propensos à formação de fissuras.

2.6 RESUMO

O Capítulo 2 discutiu em pormenor as limitações e deméritos das ligas de Mg e os desafios que prevalecem no que diz respeito à soldadura de ligas de Mg. Este capítulo também apresentou algumas abordagens para melhorar a soldabilidade das ligas de Mg. Este capítulo também fez uma breve introdução às técnicas de soldadura por fusão e discutiu de forma elaborada os constrangimentos que prevalecem em relação aos vários processos de soldadura por fusão (incluindo os processos GMAW, GTAW, EBW e LBW) na soldadura de ligas de Mg. Este capítulo fez então uma breve introdução à tecnologia de soldadura em estado sólido, discutindo os seus vários méritos e aplicações. Neste capítulo foi também incluída uma introdução detalhada ao processo FSW, juntamente com a sua história, princípio de funcionamento e méritos atractivos do processo FSW. Este capítulo também discutiu em pormenor a importância e o papel desempenhado pelos elementos de fixação (incluindo a montagem do gabarito), a geometria da ferramenta utilizada e os parâmetros importantes do processo FSW.

CHAPTER 3

REVISÃO DA LITERATURA

3.1 LIGAS DE Mg E FSW

Nos últimos anos, a procura crescente de redução do consumo de combustível e dos custos relevantes levou à necessidade de substituir peças e componentes de maiores dimensões por ligas de metais mais leves, tanto no sector aeroespacial como no sector automóvel. As ligas de Mg (magnésio) tornaram-se um dos materiais preferidos para o fabrico de estruturas leves relacionadas com o sector aeroespacial e automóvel, devido à sua rigidez mecânica superior, reciclabilidade eficiente, menor densidade, facilidade de maquinação, resistência exemplar à temperatura ambiente, etc. Por exemplo, o AZ80A, uma liga de Mg tratável termicamente, tem sido amplamente utilizado no fabrico de peças e componentes relevantes para a indústria aeroespacial e automóvel de resistência superior, incluindo cubos de rotores e caixas de velocidades de helicópteros, peças de supercarregadores, quadros de motociclos, peças de motores de automóveis, rodas de estrada, etc.

Ao mesmo tempo, as ligas de Mg não podem ser soldadas facilmente através do emprego de técnicas de soldadura por fusão. Isto deve-se principalmente ao facto de as ligas de Mg terem uma forte afinidade com o oxigénio e vários oxidantes químicos relevantes, levando à sua oxidação imediata na área da junta durante o emprego da soldadura por fusão. Outros problemas relacionados com o emprego de técnicas de soldadura por fusão para a soldadura de ligas de Mg incluem a fusão parcial, fissuras, porosidade, etc., que surgem durante a sua solidificação, o que degrada a resistência das juntas soldadas. Assim, prevalece uma necessidade inevitável de identificação de uma técnica de soldadura fiável e adequada para unir as ligas de Mg para aumentar a sua utilização nos sectores aeroespacial e automóvel.

A soldadura por fricção (FSW), uma técnica de soldadura de categoria de estado sólido, provou ser um processo de união eficiente na eliminação de problemas relevantes de solidificação ao unir ligas de Al, Cu, aço, etc., devido à sua capacidade de evitar a fusão do material a granel durante o processo de união. Além disso, o emprego de FSW para a união de ligas de Al e aço também reduziu significativamente as tensões residuais de categoria e as distorções relevantes, uma vez que a temperatura que surge durante este FSW é razoavelmente mais baixa quando comparada com a dos processos de soldadura por fusão. Além disso, foi provado que, durante o emprego de FSW, a formação de várias falhas, incluindo fissuras a quente, porosidade, segregação de metal, etc., foi eliminada, uma vez que a fusão dos metais de base não ocorre. Como o metal de base não é fundido durante a FSW, esta técnica é amplamente preferida em relação a várias metodologias de soldadura baseadas na fusão.

O objetivo básico deste capítulo é rever em pormenor os resultados experimentais de vários trabalhos de investigação realizados no que diz respeito à união de ligas de Mg utilizando vários tipos de técnicas de soldadura por pressão (isto é, soldadura em estado sólido), como a soldadura por ultra-sons, a soldadura a frio e a soldadura por fricção. Este capítulo também revê as observações experimentais registadas durante as tentativas de investigação que estão a ser feitas para soldar ligas de Mg utilizando várias técnicas avançadas de soldadura, como a soldadura por impulsos magnéticos, a soldadura por fricção, a soldadura por ultra-sons, etc. Este capítulo examina também, de forma breve, os vários constrangimentos e dificuldades encontrados durante estas tentativas experimentais de união das ligas de Mg. Este capítulo também examina criticamente os resultados experimentais de algumas técnicas de investigação relevantes de otimização empregues para determinar os parâmetros ideais optimizados do processo FSW para a soldadura de ligas de Mg, as observações feitas sobre as ligas de Mg soldadas por fricção no que diz respeito às melhorias e modificações nos seus atributos mecânicos relevantes e caraterísticas microestruturais.

3.2 TÉCNICAS AVANÇADAS DE SOLDADURA

Os processos avançados de soldadura ou de junção incluem técnicas de soldadura inovadoras e inéditas recentemente desenvolvidas que utilizam meios eléctricos de categoria especial ou de tipo único e mesmo, por vezes, meios mecânicos relevantes com o objetivo de assegurar juntas soldadas de qualidade perfeitamente sólida. Os processos de união avançados incluem a soldadura por impulsos magnéticos, a soldadura por fricção, a soldadura por ultra-sons, etc. Nas próximas secções, serão discutidos resumidamente os resultados experimentais destas técnicas avançadas de soldadura utilizadas para unir ligas de Mg.

3.2.1 Soldadura por impulsos magnéticos (MPW)

A soldadura por impulsos magnéticos (ou seja, MPW) é uma técnica de união avançada que utiliza forças de base magnética para unir os materiais. O processo MPW utiliza forças geradas electromagneticamente para produzir uma junta de tipo frio perfeita a uma temperatura normal. As juntas são fabricadas utilizando o processo MPW em microssegundos e as juntas soldadas foram registadas como sendo mais fortes do que os seus materiais de origem. Durante o processo MPW, não são necessários quaisquer gases, materiais de enchimento ou calor para unir dois materiais.

A Figura 3.1 ilustra a configuração do processo MPW utilizado por (Zhu *et al.* 2003) durante a sua tentativa experimental de soldar as ligas de Mg e Al usando o processo MPW. Neste trabalho, a liga AZ31 de Mg e a liga 1050 de Al com 1,5 mm de espessura, 120 mm de comprimento e 35 mm de largura foram unidas pelo processo MPW. O dispositivo MPW utilizado nesta experiência foi capaz de exibir uma tensão de descarga de cerca de 17 kV e uma energia de descarga de cerca de 49 kJ. Como se pode ver na Figura

3.1, foi utilizada neste trabalho uma única volta de bobina com uma secção transversal de 10 X 4 mm. Durante o processo de união, foi feita passar uma corrente de frequência superior de impulsos através da bobina e o interrutor de soldadura foi fechado nessa altura.

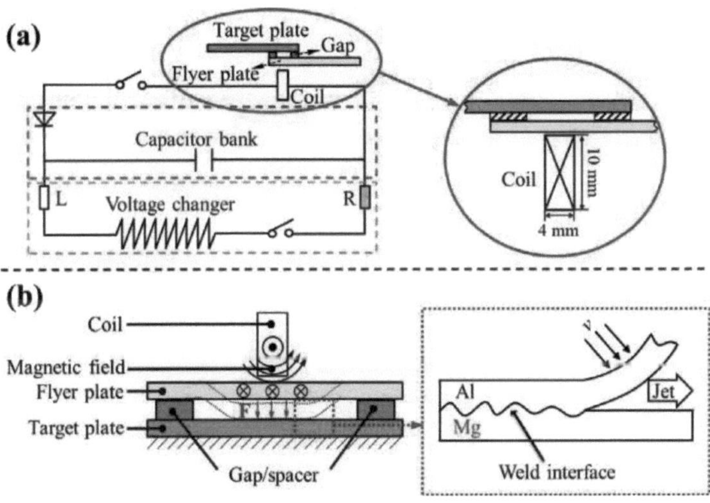

(Fonte: Zhu *et al.* 2003)

Figura 3.1 (a) Esquema do gerador utilizado durante o processo MPW (b) Princípio de funcionamento do processo MPW

A Figura 3.2 (a) apresenta fotografias que ilustram os ensaios de tração e cisalhamento e os modos de falha das juntas de liga Mg - Al soldadas por impulsos magnéticos. O modo de falha das juntas foi categorizado em três tipos distintos de falha, nomeadamente: Modo 1 (fratura na zona da junta), Modo 2 (fratura na região de necking da zona de deformação no lado da Al) e Modo 3 (fratura na zona de impacto no lado da liga de Mg), cujas fotografias relevantes estão ilustradas na Figura 3.2 (b)-(d).

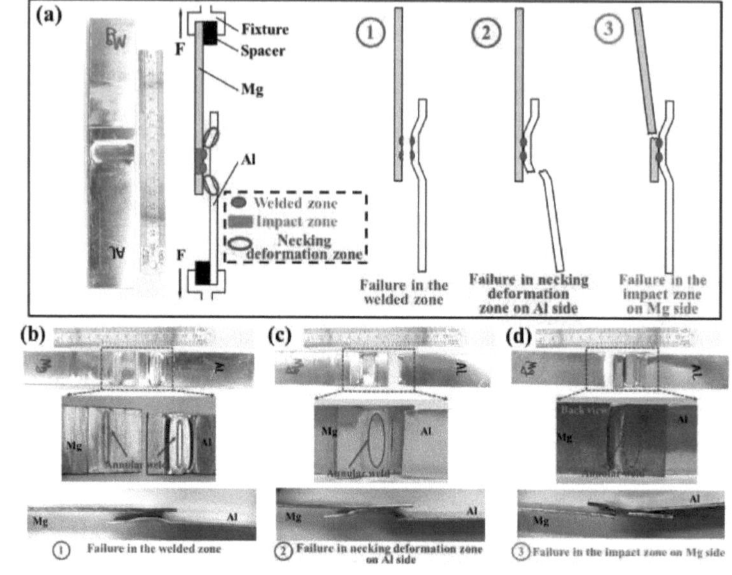

(Fonte: ***et al.*** **2003)**

Figura 3.2 Fotografias de (a) ensaios de tração e cisalhamento e modos de falha das juntas de liga Mg - Al soldadas por impulsos magnéticos (b) fratura na zona da junta (c) fratura na região de necking da zona de deformação do lado da liga Al e (d) fratura na zona de impacto do lado da liga Mg

Ficou provado que as juntas Mg-Al obtidas durante o emprego de parâmetros relevantes MPW de 34 kJ de energia de união e uma distância de afastamento de 1,39 exibiram quase 71% da resistência do metal de base, nomeadamente a liga 1050 de Al. Mas uma grande desvantagem deste trabalho experimental é que a temperatura de soldadura durante este processo MPW excedeu a temperatura de fusão dos metais de base e o impacto dos constituintes intermetálicos na qualidade das juntas Mg - Al fabricadas não foi investigado neste trabalho.

3.2.2 Restrições em MPW

A partir destes trabalhos de investigação experimentais realizados com o processo MPW, pode compreender-se que o processo MPW tem vários inconvenientes, o que o torna inadequado para a soldadura de ligas de Mg e os inconvenientes do processo MPW são enumerados a seguir:

- A bobina de impulsos utilizada durante o processo MPW tem de ser redesenhada e inteiramente modificada para unir ligas de Mg, uma vez que a bobina de impulsos tradicionalmente utilizada pode gerar um impacto relevante de PEM nos materiais de base da liga de Mg

- Se as peças a soldar em conjunto utilizando o processo MPW não puderem ser deslizadas para dentro e para fora da bobina de impulsos, é necessário conceber uma bobina de peças múltiplas mais complicada

- É muito difícil soldar peças que não sejam de natureza circular utilizando o processo MPW

- Se o processo MPW for utilizado para unir componentes e peças frágeis, estes podem fraturar-se devido ao choque sofrido durante o processo MPW

- A geometria da peça tem de ser completamente modificada para a soldar utilizando o processo MPW

- O custo do investimento inicial a efetuar para unir materiais utilizando o processo MPW é muito elevado quando comparado com o preço mais baixo por junta associado a peças de pequeno volume.

3.2.3 Soldadura por ultra-sons (USW)

USW (ou seja, soldadura ultra-sónica) é um processo de união avançado que gera uma junta através da aplicação localizada de energia baseada em vibrações de frequência superior, à medida que os materiais a soldar são mantidos juntos sob pressão. Durante o processo de soldadura ultra-sónica, foi produzida uma ligação de tipo metalúrgico perfeito sem derreter os materiais de base. A energia ultra-sónica relevante empregue durante o processo USW está normalmente nas frequências mais elevadas que variam entre 20-45 kHz e gerou vibrações mecânicas que possuem amplitudes inferiores na gama de 1-20 μm. Estas vibrações de baixa amplitude produzem calor na interface das juntas das estruturas a soldar, levando à fusão dos materiais de base e formando uma junta após o processo de arrefecimento. O USW é um dos processos de união mais rápidos, em que a formação da junta ocorre normalmente num intervalo de tempo de 0,1 a 1 segundo.

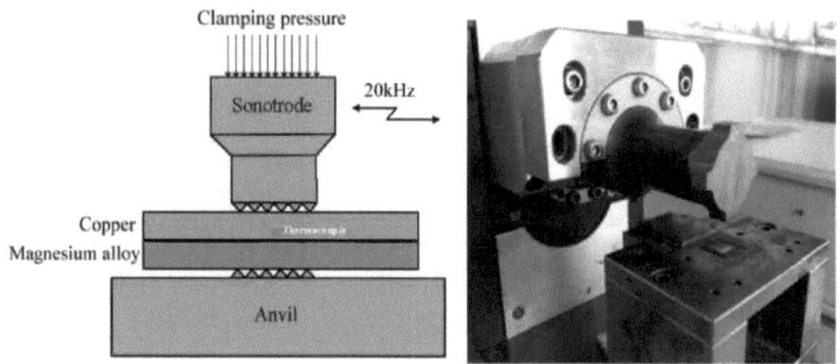

(Fonte: Zhao *et al.* 2023)

Figura 3.3 Ilustração da configuração utilizada durante o USW da liga de Mg - folhas de cobre puro e fotografia real do equipamento USW utilizado

Zhao *et al.* (2023) tentaram soldar em conjunto a liga AZ31B Mg de 1 mm de espessura e chapas de cobre puro com um comprimento de 100 mm e uma largura de 25 mm utilizando o processo USW. Todo o conjunto do processo USW foi realizado sob uma força de aperto de 0,3 MPa, sob uma potência de 2600 W, com uma frequência de 20 kHz, uma amplitude de 25 mm e a energia relevante de soldadura estava na gama de 500 a 2600 J.

As temperaturas interfaciais foram medidas com a ajuda de termopares. A configuração utilizada para medir as alterações nas temperaturas é ilustrada na Figura 3.2. Foi efectuado um furo de 0,5 mm de diâmetro a partir do lado da folha de cobre puro, de modo a ficar mais próximo do topo da superfície das folhas de cobre puro e, ao mesmo tempo, o furo não penetrou na superfície da folha. Um termopar de 0,5 mm de diâmetro foi inserido nesse orifício perfurado.

A microestrutura das juntas fabricadas, as suas propriedades relevantes de tração e o modo de fratura da liga de Mg soldada por ultra-sons e das juntas de cobre puro foram examinados com o objetivo de compreender a ligação entre os seus mecanismos. A análise baseada em SEM e EPMA (i.e., Electron probe micro-analyzer) da liga de Mg soldada por ultra-sons e das juntas de cobre puro durante o emprego de energias de união distintas é ilustrada na Figura 3.4 (a) - (e).

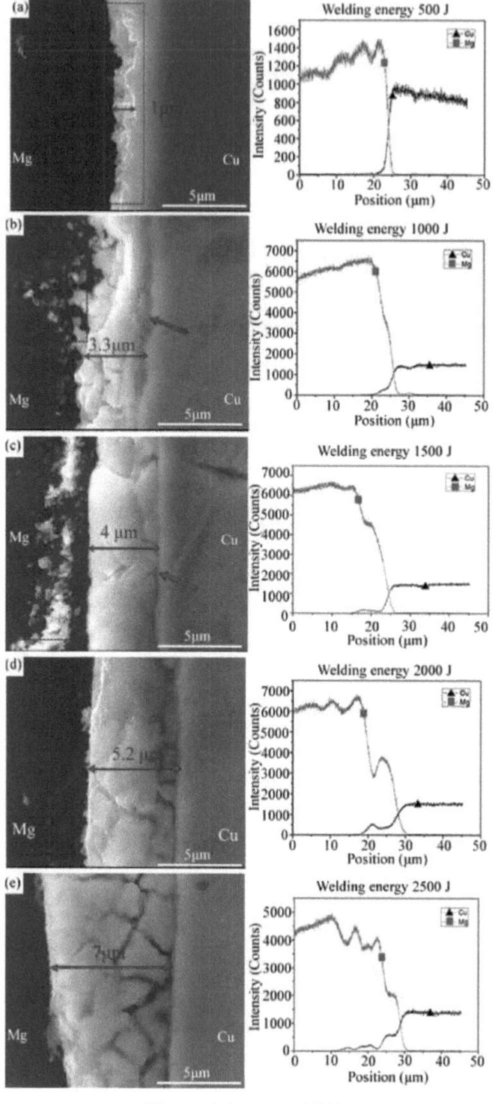

(Fonte: Zhao *et al.* 2023)

Figura 3.4 Análise SEM e EPMA de juntas soldadas por ultra-sons da liga AZ31 Mg e cobre puro durante o emprego de energias de soldadura distintas (a) 500 J (b) 1000 J (c) 1500 J (d) 2000 J e (e) 2500 J

Observou-se que o modo de fratura das juntas soldadas por ultra-sons de liga de Mg e cobre puro era uma fratura de tipo interface. A ligação por ultra-sons entre a liga de Mg e o cobre foi apreciada principalmente pela camada de difusão do tipo interface produzida durante o emprego do processo USW. Observou-se também que os principais constituintes da camada de difusão do tipo interface eram precipitados de Mg_2Cu e a tendência crescente da camada de difusão do tipo interface foi também observada. Foi registado que durante a soldadura de ligas de Mg e cobre puro, o calor foi produzido na região central da soldadura e depois transferido para as restantes regiões. Durante a fratura por tração das juntas soldadas por ultra-sons de liga de Mg e cobre puro, observou-se que a fenda se propagou uniformemente ao longo de toda a camada de interface.

3.2.4 Restrições em USW

A partir da pesquisa experimental acima, pode ser entendido que prevalecem certas limitações no emprego deste processo de soldagem ultra-sônica para unir ligas de Mg e são listadas abaixo:

- O USW pode ser utilizado para unir estruturas de junção especialmente concebidas e exclusivas, especialmente para juntas Lap, em que as partes (que possuem superfícies planas) se sobrepõem exatamente umas às outras.

- As juntas do tipo topo, bordo, T e canto não podem ser soldadas de forma eficaz utilizando este processo USW.

- Ambas as superfícies das peças de trabalho a soldar utilizando o processo USW devem estar perfeitamente limpas e isentas de detritos. Mas, na prática, será uma tarefa muito difícil, uma vez que as superfícies das placas a soldar ficarão contaminadas com óleo, pó e outros contaminantes durante os seus processos de produção. Além disso, se as superfícies não forem devidamente limpas, as juntas soldadas por ultra-sons terão ligações mais fracas.

- A fusão dos materiais de base (especialmente as ligas de Mg) e a sua fratura são alguns dos problemas relacionados com o procedimento utilizado e com a conceção da peça durante o processo USW. Estes problemas são encontrados durante a soldadura USW devido ao facto de, durante este processo, ser aplicada uma energia muito elevada às peças a soldar e, se a peça a soldar não for montada corretamente, isso conduzirá a linhas de fluxo, tensões internas, etc.

- Outra limitação do processo USW é o facto de causar distorção nas peças a unir, devido aos maiores níveis de pressão e calor gerados durante este processo de união. Durante o USW de ligas de Mg, esta distorção provou ser muito severa, suficientemente forte para tornar a peça inutilizável

- O equipamento necessário para o processo USW é muito caro quando comparado com o de todos os outros processos de soldadura. Além disso, o processo USW também exige mão de obra especializada e altamente treinada, aumentando assim o custo global

- Os materiais que possuem pontos de fusão ou dureza superiores não podem ser soldados utilizando este processo USW. Além disso, como este processo USW requer um controlo perfeito da pressão e do tempo, é difícil garantir a qualidade de cada peça soldada.

- É muito difícil inspecionar as juntas soldadas utilizando o processo USW (para detetar a presença de vazios, fissuras, etc.) sem desmontar as peças e estruturas soldadas

- Outra desvantagem da soldadura por ultra-sons é o facto de ser geralmente mais cara do que outros métodos de soldadura. Isto deve-se ao facto de o equipamento necessário para realizar a soldadura ser normalmente mais caro do que outros tipos de equipamento de soldadura. Além disso, a soldadura por ultra-sons requer geralmente mais formação do operador do que outros métodos, o que pode aumentar o custo global.

3.2.5 Soldadura por fricção

A soldadura por fricção é um processo de união avançado que se insere na categoria da tecnologia de soldadura por pressão, produzindo calor por meio de fricção entre as peças de trabalho em movimento relativo umas com as outras. Este processo também foi empregue com a adição de uma força de categoria lateral denominada perturbação com o objetivo de deslocar plasticamente e fundir os materiais. Por outras palavras, durante este processo de soldadura por fricção, à medida que as peças de trabalho são rodadas de tal forma que o seu movimento de rotação é relativo a outro, simultaneamente sob uma força axial de tipo compressivo, leva à geração de fricção entre as duas superfícies a serem unidas. Este atrito desenvolvido gera a quantidade necessária de calor e plastifica os materiais de interface, levando assim à criação de juntas de contacto completas com uma integridade superior.

Liang *et al.* (2017) fizeram uma investigação baseada na soldabilidade da liga de Mg à liga de Al, empregando a técnica de soldadura por fricção para soldar uma barra de 12 mm da liga de Mg AZ31B com uma barra de 12 mm da liga de Al 5A33. Durante este trabalho, os parâmetros do processo de soldadura por fricção, nomeadamente a pressão de fricção, a pressão de perturbação e a velocidade de rotação, foram mantidos a valores constantes e o tempo de fricção variou de 1 a 20 segundos. 20 segundos. A ilustração fotográfica das barras de 12mm soldadas por fricção da liga AZ31B Mg com a liga 5A33 Al pode ser vista na Figura 3.5.

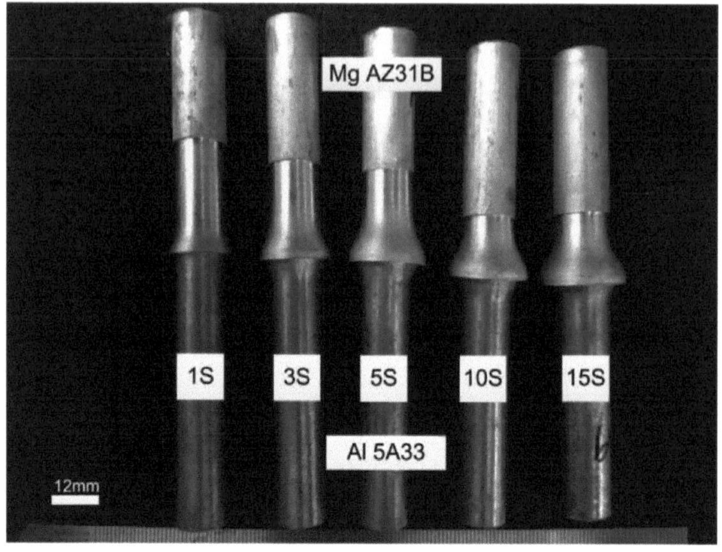

(Fonte: Liang *et al.* 2017)

Figura 3.5 Ilustração fotográfica das barras soldadas por fricção da liga AZ31B Mg com a liga 5A33 Al em períodos de tempo distintos

As barras soldadas por fricção das ligas AZ31B Mg - 5A33 Al foram submetidas a vários exames, incluindo SEM, difração de raios X e análise microscópica ótica. Para além disso, os ingredientes químicos da nova fase gerada na região da interface foram examinados utilizando a espetroscopia baseada na dispersão de energia.

Os resultados dos ensaios revelaram que a junta soldada por fricção possui um aspeto emblemático na região da interface de fricção e que a tendência para a irregularidade aumenta com o aumento do tempo de fricção. Também se observou que o comprimento do desgaste aumentou rapidamente com o aumento simultâneo do tempo de fricção. A Figura 3.6 ilustra a distribuição da microdureza ao longo da linha de centro das barras de liga Mg - Al soldadas por fricção durante diferentes períodos de tempo.

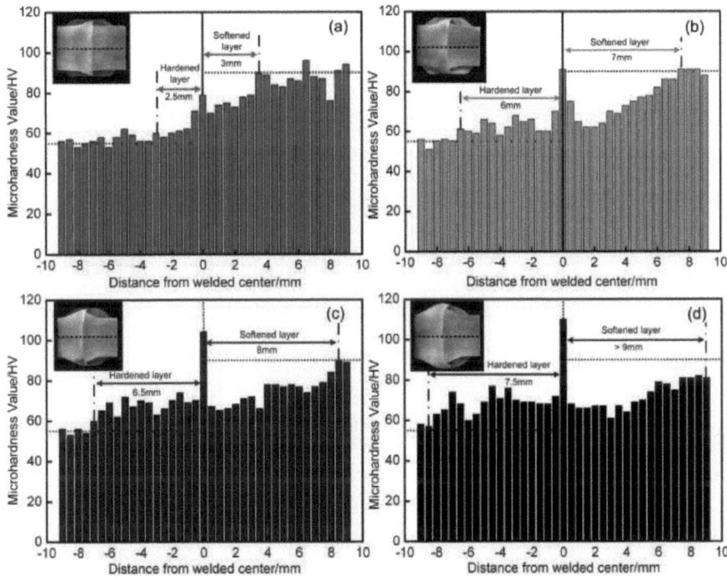

(Fonte: Liang *et al.* 2017)

Figura 3.6 Distribuição da microdureza ao longo da linha de centro das barras de liga Mg - Al soldadas por fricção durante diferentes períodos de tempo

A partir da Figura 3.6, observou-se que a espessura da camada endurecida no lado da liga AZ31B Mg aumentou com o aumento do tempo de atrito. No lado da liga 5A33 Al da barra soldada por fricção, a microdureza da região mais próxima da interface de fricção foi inferior quando comparada com a microdureza do metal de base 5A33 Al. A resistência à tração da liga AZ31B Mg - 5A33 Al soldada por fricção aumentou com o aumento do tempo de fricção e a resistência à tração mais elevada, de cerca de 102 MPa, foi registada durante o tempo de fricção de 5 segundos.

3.2.6 Restrições na soldadura por fricção

A partir dos trabalhos de investigação acima referidos, pode ser apreendido que existem alguns inconvenientes na utilização do processo de soldadura por fricção para a soldadura da liga de Mg e alguns dos inconvenientes são os seguintes

- Metais como o alumínio e o magnésio são muito difíceis de soldar utilizando o processo de soldadura por fricção, devido ao baixo ponto de fusão desses metais
- Todo o processo de soldadura por fricção é muito restrito a juntas planas de topo e angulares
- É uma tarefa muito complexa preparar e alinhar corretamente as peças de trabalho para a realização do processo de soldadura por fricção e só quando as peças de trabalho estão corretamente alinhadas é que se consegue uma fricção perfeita e um aquecimento uniforme das peças de trabalho a unir
- O processo FSW limita-se à soldadura de barras redondas e tubos de diâmetro semelhante

3.3 FSW DE LIGAS DE Mg

A soldadura por fricção (FSW), um processo de soldadura de estado sólido sem fusão, utiliza uma ferramenta rotativa não consumível com um perfil de pino único, que se estende para além da linha de junta a partir do ombro da ferramenta, para soldar os metais. A junta é obtida devido à rotação subseqüente e ao movimento frontal do pino da ferramenta ao longo da linha de junta, gerando calor baseado em fricção, plastificando assim os metais em ambos os lados da linha de junta, abaixo do seu ponto de fusão. Uma vez que a união das ligas metálicas é conseguida antes do seu ponto de fusão e o processo FSW diminui o volume das tensões térmicas induzidas nas ligas metálicas, as juntas fabricadas pelo processo FSW revelaram-se isentas de várias falhas, incluindo fracturas a quente, retração, porosidade, poros excessivos, cortes inferiores, afundamento do banho de soldadura, etc., tornando-o assim o processo de soldadura mais adequado para unir ligas distintas de Mg.

3.3.1 Artigos de investigação sobre a otimização dos parâmetros FSW

A obtenção de juntas de qualidade superior, sem defeitos, utilizando a técnica FSW depende em grande medida da identificação da combinação adequada dos seus parâmetros. A seleção inadequada dos parâmetros do processo FSW tem conduzido à geração de juntas de qualidade inferior, com vários defeitos, incluindo o excesso de flash na linha da junta, porosidade, orifícios de pinos, vazios, etc. Tradicionalmente, a combinação ideal dos parâmetros do processo FSW, ou seja, a otimização dos parâmetros do processo FSW, era realizada através de métodos de tentativa e erro, que consumiam muito tempo e as juntas soldadas tinham de ser verificadas com frequência para saber se cumpriam ou não os requisitos. Ao mesmo tempo, as técnicas estatísticas e numéricas de otimização recentemente desenvolvidas revelaram-se muito eficazes e consomem um tempo mínimo.

Por exemplo, (Dinesh Kumar *et al.* 2019) realizou um trabalho experimental para soldar duas ligas distintas de Al (nomeadamente AA7075-T73 e AA2219-T87) utilizando o processo FSW, variando cinco parâmetros distintos, nomeadamente o perfil da ferramenta, o ângulo de inclinação da ferramenta, a posição do material, a taxa de avanço e a velocidade de rotação. Todo o processo FSW durante este trabalho experimental foi realizado com base na matriz ortogonal da categoria L16, formulada utilizando a matriz de conceção fatorial de Taguchi e descrita na Tabela 3.1.

Tabela 3.1 Matriz ortogonal baseada em L16 utilizada durante a FSW das ligas AA7075-T73 e AA2219-T87

Trial No.	Rotational speed(rpm)	Welding speed (mm/min)	Tool profile	Tilt angle (deg)	Position of hardest material
1	750	60	CT	2	AS
2	750	120	CT	2	AS
3	750	180	TT	3	RS
4	750	240	TT	3	RS
5	1000	60	CT	3	RS
6	1000	120	CT	3	RS
7	1000	180	TT	2	AS
8	1000	240	TT	2	AS
9	1250	60	TT	2	RS
10	1250	120	TT	2	RS
11	1250	180	CT	3	AS
12	1250	240	CT	3	AS
13	1500	60	TT	3	AS
14	1500	120	TT	3	AS
15	1500	180	CT	2	RS
16	1500	240	CT	2	RS

(Fonte: Dinesh Kumar *et al.* 2019)

Neste trabalho, tanto a análise relacional cinzenta como Taguchi foram utilizadas para otimizar respostas únicas e múltiplas para otimizar as respostas, nomeadamente a percentagem de alongamento, a resistência ao escoamento e a resistência à tração. Foram realizados testes de tração relevantes e foi efectuada uma análise relevante para obter a definição optimizada do nível de parâmetros. Em seguida, os resultados da matriz ortogonal L16 foram classificados e o conjunto optimizado de parâmetros para o FSW das ligas de Al AA7075-T73 e AA2219-T87 foi antecipado para A B C D_{11211} , Eonde A é a velocidade de rotação, B é a taxa de avanço, C é o perfil da ferramenta utilizada, D é o ângulo de inclinação e E é a posição do material. Além disso, foram efectuados ensaios experimentais de validação para confirmar os resultados previstos e os resultados dos ensaios de validação estão perfeitamente correlacionados com os valores previstos. Uma eficiência de soldadura de cerca de 72%, superior aos valores previstos, foi atingida durante estas experiências de validação.

O gráfico de tração por impacto principal para a resistência à tração das ligas de Al AA7075-T73 e AA2219-T87 soldadas por fricção é ilustrado na Figura 3.7. A partir deste gráfico, registou-se que a resistência à tração diminuiu com o aumento da velocidade de rotação de 750 para 1500 rpm, do ângulo de inclinação de 2 para 3 graus e quando a posição da liga de Al AA2219 foi colocada no lado do avanço. A partir desta Figura 3.7, também se observou que a resistência à tração durante o emprego de uma velocidade de avanço de 120 mm/min diminuiu e voltou a aumentar durante o emprego de uma velocidade de avanço de 180 mm/min. Além disso, a utilização de uma ferramenta com perfil de pino roscado cónico produziu uma melhor resistência à tração quando comparada com a da ferramenta com estruturas roscadas cilíndricas.

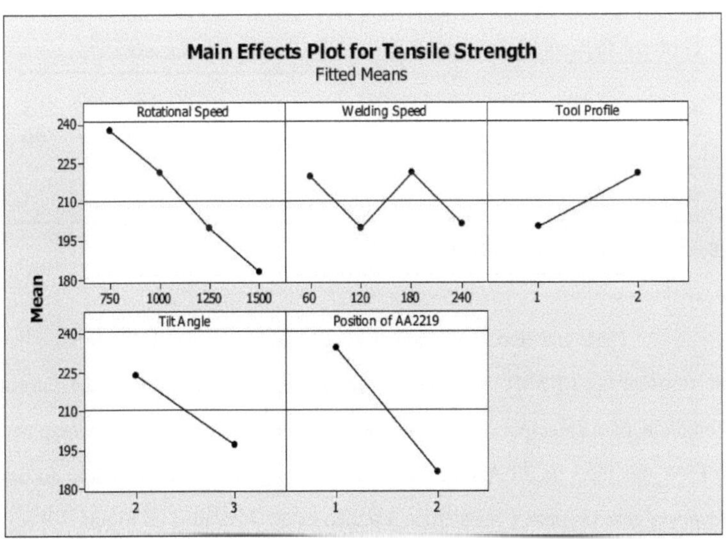

(Fonte: Dinesh Kumar *et al.* 2019)

Figura 3.7 Gráficos de impacto principal para a resistência à tração das ligas AA7075-T73 e AA2219-T87 soldadas por fricção de Al

Outra investigação experimental relacionada com a soldadura por fricção baseada na otimização foi realizada por (Venkateswarlu *et al.* 2015) para unir ligas de Al, nomeadamente AA7039 e AA2219, e todo o processo FSW foi optimizado em relação à geometria da ferramenta utilizada (ou seja, nível de concavidade da superfície do ombro da ferramenta) e outras variáveis do processo FSW, incluindo força axial, taxa de alimentação e velocidade de rotação. A matriz de dimensionamento utilizada em relação aos parâmetros do processo considerados neste trabalho experimental e os seus diferentes níveis estão descritos na Tabela 3.2.

Tabela 3.2 Matriz de desenho utilizada em relação aos parâmetros do processo durante o FSW das ligas AA7039 e AA2219 de Al

Control factors	Levels		
Shoulder surface concavity levels	1	2	3
Tool rotational speed (rpm)	1000	710	500
Axial force (kN)	5	8	...
Welding speed (mm/min)	40	20	...

(Fonte: Venkateswarlu *et al.* 2015)

Neste trabalho experimental, foi utilizada a metodologia de superfície de resposta (i.e., RSM), baseada em dados de investigação de base fatorial completa, para antecipar o conjunto optimizado de parâmetros de processo para o FSW das ligas de Al AA7039 e AA2219. Os gráficos de superfície do tipo resposta gerados para a resistência à tração estão ilustrados na Figura 3.8 (a) -

(c) e a natureza convexa destes gráficos revelou que prevalece uma combinação optimizada de parâmetros de processo para a resistência à tração das ligas de Al AA7039 e AA2219 soldadas por fricção.

As variações prevalecentes em relação aos resultados do ensaio de tração obtidos através de uma experiência baseada num fatorial completo revelaram que os valores mínimo e máximo da resistência à tração eram de 180 MPa e 295 MPa, respetivamente. Também foi registado como parte deste trabalho experimental que o emprego da combinação de parâmetros optimizados de velocidade de rotação de 745 rpm, 20 mm/min de avanço, 6 kN de força axial e ferramenta de tipo 2 geraram juntas de boa qualidade das ligas de alumínio AA7039 e AA2219, com uma resistência à tração de 280 MPa e uma percentagem de alongamento de 11,5.

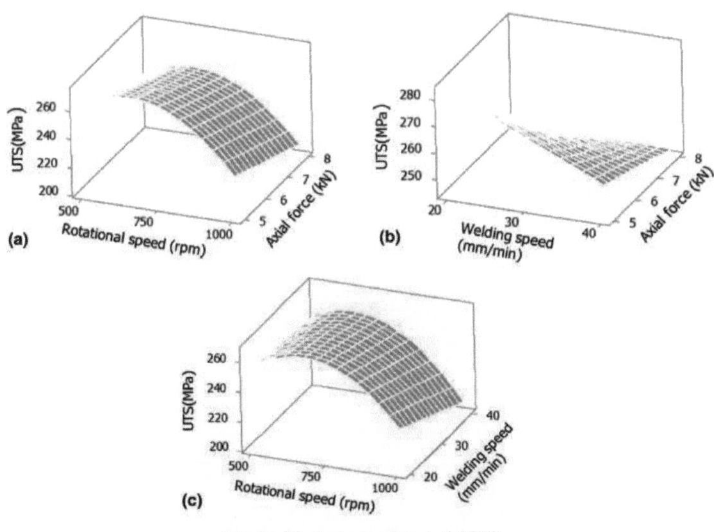

(Fonte: Venkateswarlu *et al.* 2015)

Figura 3.8 Gráficos de superfície para a resistência à tração das juntas soldadas por fricção das ligas de Al AA7039 e AA2219 em

relação à ferramenta Tipo 2 (a) força axial e velocidade de rotação (b) força axial e velocidade de soldadura (c) velocidade de soldadura e velocidade de rotação

O impacto de vários parâmetros do processo FSW, incluindo a taxa de alimentação, o diâmetro do pino, o diâmetro do ombro e a velocidade de rotação nos atributos mecânicos e microestruturais das placas laminadas soldadas por fricção da liga 5052-H18 de Al, foi investigado por (MohammadiSefat *et al.* 2021). Durante este trabalho experimental, os parâmetros optimizados foram identificados através do emprego de RSM e do desenho de experiências.
Um modelo matemático foi então estabelecido e verificado para antecipar a resistência à tração das placas laminadas soldadas por fricção da liga 5052-H18 de Al. Em seguida, todo o processo FSW foi estimulado utilizando o software do tipo ABAQUS para determinar a distribuição da temperatura nas juntas soldadas por fricção da liga de Al 5052-H18. Os vários impactos das combinações de parâmetros empregues na resistência à tração das juntas soldadas por fricção da liga de Al 5052-H18 são ilustrados na Figura 3.9.

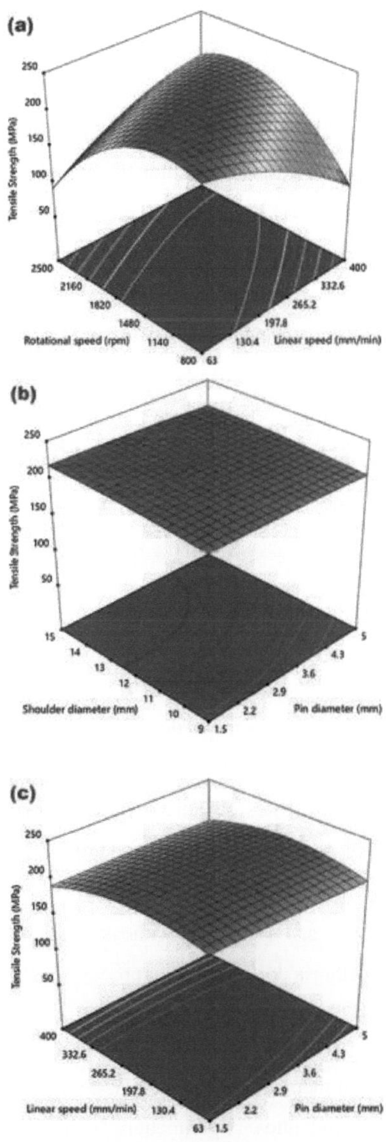

(Fonte: MohammadiSefat *et al.* 2021)

Figura 3.9 Impacto das combinações de parâmetros utilizadas na resistência à tração das juntas soldadas por fricção da liga de

Al 5052-H18 (a) velocidade de avanço e velocidade de rotação (b) diâmetro do pino e diâmetro do ombro (c) velocidade de avanço e diâmetro do pino

A análise baseada na ANOVA revelou que o modelo formulado foi eficiente na antecipação da resistência à tração das placas laminadas soldadas por fricção da liga 5052-H18 de Al. O modelo formulado foi validado experimentalmente utilizando os valores dos parâmetros optimizados e as discrepâncias entre o valor previsto da resistência à tração e o valor obtido experimentalmente foram registadas como sendo de 2,1%. O valor mais elevado de resistência à tração para as chapas laminadas soldadas por fricção da liga 5052-H18 de Al foi atingido durante o emprego de parâmetros optimizados de velocidade de rotação de 1233 rpm, ferramenta com diâmetro de pino de 1,8 mm e diâmetro de ombro de 12,8 mm a uma velocidade de deslocação de 107 mm/min.

3.4 INFERÊNCIAS DA REVISÃO DA LITERATURA

A partir da revisão da literatura acima mencionada, pode ser entendido que a maioria das técnicas de otimização estatística e numérica empregou vários aspectos devido aos objectivos correlacionados, melhoria dos atributos de qualidade, etc. Estes objectivos relacionados são optimizados de forma síncrona através do emprego de um modelo numérico de ordem 2nd da área de fronteira óptima. Os atributos de qualidade de ponderação foram definidos com base no seu significado idiossincrático e nos julgamentos relacionados com a melhoria dos factores do processo.

Foram registados vários trabalhos experimentais com o emprego de técnicas estatísticas e numéricas durante a FSW de ligas distintas de alumínio (Al). No entanto, os trabalhos experimentais realizados para otimizar os parâmetros de processo durante a FSW de ligas de Mg são escassos e prevalece uma necessidade inevitável de antecipar a combinação ideal de parâmetros de processo durante a FSW de ligas distintas de Mg e de desenvolver um e de desenvolver um modelo numérico bem estabelecido baseado na otimização multi-objetivo que aborde variáveis de resposta com objectivos diversificados.

Vários trabalhos experimentais utilizaram ferramentas matemáticas distintas para otimizar os parâmetros durante o FSW de ligas de Al e a maior parte deles foram estratégias de otimização baseadas numa única resposta. Nesta era moderna de fabrico rápido e redução de custos, juntamente com a maximização da utilização, os processos complexos possuem vários atributos baseados na qualidade e tais cenários exigem normalmente o emprego de estratégias de otimização de resposta múltipla.

Apesar de alguns investigadores terem feito algumas tentativas experimentais em FSW de AZ80A e outras ligas à base de Mg, o seu objetivo era descobrir a influência dos parâmetros nos atributos mecânicos das juntas soldadas por fricção e otimizar os parâmetros do processo FSW, de modo a obter juntas de boa qualidade. Até à data, não foram realizados trabalhos experimentais que se concentrem na análise baseada na sensibilidade dos parâmetros durante a soldadura por fricção de ligas de Mg e nos requisitos relacionados com a sua afinação fina para obter juntas de liga de Mg de qualidade superior.

CHAPTER 4

PERSPETIVA E OBJECTIVOS DA INVESTIGAÇÃO

4.1 LIGAS DE Mg AZ31B E AZ80A - SIGNIFICADO

As ligas de magnésio (Mg) possuem um potencial exemplar para substituir as peças e componentes à base de cobre, alumínio e aço nos sectores automóvel e aeroespacial devido à sua densidade reduzida em combinação com uma resistência superior, um grau excecional de capacidade de fundição, uma maior condutividade térmica, uma magnífica propriedade de blindagem baseada na interferência electromagnética e uma capacidade de amortecimento distinta.

O AZ31B é uma liga de Mg de categoria forjada que possui uma resistência superior à temperatura ambiente e uma maior resistência à corrosão, bem como uma ductilidade apreciável. A liga de Mg AZ31B pode ser maquinada facilmente, possui baixa densidade e as suas propriedades mecânicas relevantes são melhoradas quando submetida a tratamento térmico. Quando o AZ31B é temperado após ter sido submetido a um tratamento térmico de cerca de 300°C, torna-se mais dúctil e menos quebradiço. Da mesma forma, submeter a liga AZ31B Mg a um processo de recozimento antes de a submeter a um processo de têmpera, aumenta a sua tenacidade e ductilidade.

Devido às suas propriedades, a liga de Mg AZ31B é amplamente preferida em vários sectores, incluindo o automóvel, aeroespacial, eletrónico, equipamento desportivo relevante, dispositivos médicos, etc. Por exemplo, o AZ31B é preferido no sector aeroespacial para o fabrico de vários componentes, incluindo quadros, suportes, fuselagens e motores de aeronaves. O AZ31B é utilizado por vários fabricantes de componentes automóveis para o fabrico de componentes da coluna de direção, pedais de embraiagens e travões, etc. Para além destes componentes para automóveis, o AZ31B é também utilizado para produzir uma grande variedade de componentes complexos para desportos motorizados, acessórios de chassis, construção de pele estrutural, etc. O AZ31B é também preferido no sector médico para o fabrico de vários implantes médicos, incluindo placas, pinos e parafusos. O AZ31B também é utilizado no fabrico de ferramentas de betão, cones de altifalantes, caixas para computadores portáteis e telemóveis.

O AZ80A é uma outra liga forjada e forjada de Mg que possui alumínio e zinco como ingredientes de liga. A liga de Mg AZ80A é muito semelhante em termos de atributos caraterísticos à liga de Mg AZ61A, mas superior em termos de resistência quando comparada com a liga AZ61A. A resistência da liga de Mg AZ80A Mg pode ser melhorada por meio de envelhecimento artificial a partir da forma como foi fabricada. A AZ80A é também uma liga de Mg tratável termicamente e é geralmente preferida para extrusões e peças forjadas que exijam uma resistência superior à fadiga e uma excelente resistência à fluência. A liga de Mg AZ80A possui uma resistência à tração consideravelmente superior à de outras ligas de Mg.

Além disso, a liga de Mg AZ80A possui uma condutividade eléctrica razoavelmente inferior e um ponto de fusão bastante baixo. A liga AZ80A Mg pode ser prontamente extrudida e tem de ser prensada para a forjar na forma e estrutura pretendidas. A trabalhabilidade desta liga AZ80A Mg exige um trabalho a quente de 261° - 289°C e recomenda-se sempre evitar o forjamento a martelo das ligas AZ80A Mg. A liga AZ80A Mg possui um grau de maquinabilidade fácil e exige velocidades de corte mais rápidas, avanço modesto, muita folga para as aparas e profundidade de corte moderada.

A liga AZ80A Mg é utilizada no fabrico de peças de satélites de resistência superior, caixas de velocidades, suportes de trens de aterragem, caixas de travões e cubos de rotor de helicópteros, quadros de bicicletas, carenagens entre fases e quadros de mísseis, rodas de estrada, etc. As peças forjadas à base da liga AZ80A Mg são também preferidas em aplicações em que é necessária maquinabilidade ou estanquicidade da pressão. As ligas de Mg AZ80A são também utilizadas para o fabrico de componentes e acessórios de super-carregadores, máquinas de parafusos, cilindros hidráulicos, etc.

4.2 RESTRIÇÕES NA SOLDADURA DE LIGAS DE Mg

A tecnologia de soldadura utilizada para unir ligas de Mg desempenha um papel vital no alargamento da área de aplicação de peças estruturais à base de ligas de Mg nos sectores automóvel e aeroespacial. Ao mesmo tempo, as ligas de Mg não podem ser soldadas facilmente através do emprego de técnicas de soldadura por fusão. Isto deve-se principalmente ao facto de as ligas de Mg terem uma forte afinidade com o oxigénio e vários oxidantes químicos relevantes, levando à sua oxidação imediata na área da junta durante o emprego da soldadura por fusão. Outros problemas relacionados com o emprego de técnicas de soldadura por fusão para a soldadura de ligas de Mg incluem a fusão parcial, fissuras, porosidade, etc., que surgem durante a sua solidificação, o que degrada a resistência das juntas soldadas.

Nos últimos anos, a soldadura com gás inerte de tungsténio (TIG), a soldadura com feixe de electrões e a soldadura com feixe de laser são amplamente utilizadas na união de vários componentes e peças de automóveis à base de Mg, incluindo painéis da carroçaria, acessórios do motor, etc. No entanto, o emprego destas técnicas de soldadura não pode gerar juntas de liga de Mg de qualidade superior, totalmente isentas de defeitos. Por exemplo, a utilização da técnica de soldadura TIG para unir ligas de Mg distintas resultou na formação de poros e de estruturas de grão grosseiro na área da soldadura, degradando assim a qualidade da soldadura e a sua integridade, uma vez que estas estruturas de grão grosseiro são os locais para o movimento baseado em deslocações e para a propagação de fissuras de uma forma mais fácil. Como as ligas de Mg têm fortes tendências oxidantes e uma reduzida absorvência dos feixes laser, as juntas de liga de Mg soldadas por feixe laser são propensas a uma poça de fusão não estabilizada e à perda de constituintes de liga, nomeadamente alumínio e zircónio, devido à vaporização durante o processo. As juntas de liga de Mg soldadas por feixe de laser também demonstraram possuir rebaixamentos e formações de óxido poroso, que reduziram as suas propriedades mecânicas.

Por outro lado, o emprego da técnica de soldadura por feixe de electrões para unir ligas distintas de Mg requer um ambiente de alto vácuo e uma proteção contra raios X. Além disso, verificou-se que a zona de fusão das juntas de ligas de Mg soldadas por feixe de electrões possui propriedades mecânicas reduzidas (i.e., resistência e dureza) quando comparada com a do metal de base e com as zonas de impacto térmico. Isto deveu-se principalmente às estruturas de grão grosseiro e à porosidade geradas, devido à solidificação da zona de fusão durante o processo. Assim, prevalece a necessidade de identificar uma técnica de soldadura adequada para unir ligas distintas de Mg sem comprometer a qualidade e a resistência da soldadura

4.3 JUSTIFICAÇÃO PARA A UTILIZAÇÃO DO PROCESSO FSW

A soldadura por fricção (ou seja, FSW), um processo de soldadura de estado sólido sem fusão, utiliza uma ferramenta rotativa não consumível com um perfil de pino único, que se estende para além da linha da junta a partir do ombro da ferramenta, para soldar os metais. A junta é obtida devido à rotação subseqüente e ao movimento frontal do pino da ferramenta ao longo da linha de junta, gerando calor baseado em fricção, plastificando assim os metais em ambos os lados da linha de junta, abaixo do seu ponto de fusão. Uma vez que a união das ligas metálicas é conseguida antes do seu ponto de fusão e o processo FSW diminui o volume das tensões térmicas induzidas nas ligas metálicas, as juntas fabricadas pelo processo FSW revelaram-se isentas de várias falhas, incluindo fracturas a quente, retração, porosidade, poros excessivos, cortes inferiores, afundamento do banho de soldadura, etc., tornando-o assim o processo de soldadura mais adequado para unir ligas distintas de Mg.

A FSW, uma técnica de soldadura de categoria de estado sólido, também provou ser um processo de união eficiente na eliminação de problemas relevantes de solidificação ao unir ligas de Al, Cu, aço, etc., devido à sua capacidade de evitar a fusão de material a granel durante o processo de união. Além disso, o emprego de FSW para a união de ligas de Al e aço também reduziu significativamente as tensões residuais de categoria e as distorções relevantes, uma vez que a temperatura que surge durante este FSW é razoavelmente mais baixa quando comparada com a dos processos de soldadura por fusão. Além disso, foi provado que, durante o emprego de FSW, a formação de várias falhas, incluindo fissuras a quente, porosidade, segregação de metal, etc., foi eliminada, uma vez que a fusão dos metais de base não ocorre. Como o metal de base não é fundido durante a FSW, esta técnica é amplamente preferida em relação a várias metodologias de soldadura baseadas na fusão.

4.4 NECESSIDADE DE OTIMIZAR OS PARÂMETROS DO PROCESSO FSW

A obtenção de juntas de qualidade superior, sem defeitos, utilizando a técnica FSW depende em grande medida da identificação da combinação adequada dos seus parâmetros. A seleção inadequada dos parâmetros do processo FSW tem conduzido à geração de juntas de qualidade inferior, com vários defeitos, incluindo o excesso de flash na linha da junta, porosidade, orifícios de pinos, vazios, etc. Tradicionalmente, a combinação ideal dos parâmetros do processo FSW, ou seja, a otimização dos parâmetros do processo FSW, era realizada através de métodos de tentativa e erro, que consumiam muito tempo e as juntas soldadas tinham de ser verificadas com frequência para saber se cumpriam ou não os requisitos. Ao mesmo tempo, as técnicas estatísticas e numéricas de otimização recentemente desenvolvidas revelaram-se muito eficazes e consomem um tempo mínimo.

Para obter juntas de qualidade superior num processo de junção automatizado como o FSW, de acordo com factos comprovados de engenharia, é essencial escolher o valor ótimo dos parâmetros. É uma prática tradicional escolher os parâmetros dos processos de união através de metodologias de acerto e erro, baseando-se em recomendações e valores de referência dados pelos fabricantes. Ao mesmo tempo, verificou-se que esta estratégia tradicional de seleção de parâmetros não produzia resultados óptimos e também resultava na obtenção de juntas de qualidade inferior.

4.5 PERSPECTIVAS DE INVESTIGAÇÃO

A maioria das técnicas de otimização estatística e numérica utiliza vários aspectos devido aos objectivos correlacionados, à melhoria dos atributos de qualidade, etc. Estes objectivos relacionados são optimizados de forma síncrona através do emprego de um modelo numérico de ordem 2nd da área limite óptima. Os atributos de qualidade de ponderação foram definidos com base no seu significado idiossincrático e nos julgamentos relacionados com a melhoria dos factores do processo. Foram registados vários trabalhos experimentais relativos ao emprego de técnicas estatísticas e numéricas durante a FSW de ligas distintas de alumínio (Al).

No entanto, os trabalhos experimentais realizados para otimizar os parâmetros do processo durante a FSW de ligas de Mg são escassos e prevalece uma necessidade inevitável de antecipar a combinação ideal de parâmetros do processo durante a FSW de ligas distintas de Mg e de desenvolver um modelo numérico bem estabelecido baseado na otimização multi-objetivo que aborde variáveis de resposta com objectivos diversificados.

Além disso, esta estratégia tradicional de seleção de parâmetros também leva ao consumo de material e energia extra. Por conseguinte, torna-se necessário compreender a estabilidade e a importância dos parâmetros utilizados nos processos de união, de modo a obter juntas de qualidade superior. Antecipar os impactos de pequenas alterações nos atributos relacionados com o projeto é uma parte vital dos cenários relacionados com o projeto de engenharia. Assim, através de um sistema de previsão modelado numericamente, o impacto de algumas modificações nos atributos em relação ao objetivo global baseado no modelo pode ser determinado. Esta categoria de controlo foi designada por análise de sensibilidade baseada no projeto. Em primeiro lugar, a análise de sensibilidade fornece informações sobre as tendências de diminuição e aumento de uma função-objetivo relacionada com a conceção e relevante para os parâmetros associados à conceção.

Apesar de alguns investigadores terem feito algumas tentativas experimentais em FSW de AZ80A e outras ligas à base de Mg, o seu objetivo era descobrir a influência dos parâmetros nos atributos mecânicos das juntas soldadas por fricção e otimizar os parâmetros do processo FSW, de modo a obter juntas de boa qualidade. Até à data, não foram realizados trabalhos experimentais que se concentrem na análise baseada na sensibilidade dos parâmetros durante a soldadura por fricção de ligas de Mg e nos requisitos relacionados com a sua afinação fina para obter juntas de liga de Mg de qualidade superior.

4.6 OBJECTIVOS DA INVESTIGAÇÃO

Tendo em conta todos os cenários acima mencionados, os resultados de vários trabalhos experimentais e investigações de investigação, foi realizada esta investigação experimental pormenorizada com a intenção de atingir os objectivos abaixo mencionados:

- construir relações empíricas entre os vários parâmetros do processo FSW e a resistência à tração das juntas de liga de Mg soldadas por fricção

- formular equações numéricas com base numa análise de regressão quadrática que ilustre o impacto dos parâmetros do processo FSW e estabelecer equações relacionadas com a sensibilidade com base nestes modelos numéricos formulados

- determinar as caraterísticas relacionadas com a sensibilidade dos parâmetros do processo FSW (nomeadamente a velocidade de rotação da ferramenta, a velocidade de deslocação da ferramenta, a força exercida axialmente para baixo, o diâmetro do ombro e do pino da ferramenta utilizada e a dureza da ferramenta) durante a FSW da liga de Mg AZ80A

- para prever os pré-requisitos relacionados com a afinação fina destes parâmetros do processo FSW (nomeadamente a velocidade de rotação da ferramenta, a velocidade de deslocação da ferramenta, a força exercida axialmente para baixo, o diâmetro do ombro e do pino da ferramenta utilizada e a dureza da ferramenta) durante a FSW das ligas de Mg AZ80A.

- fornecer um mapa pormenorizado das caraterísticas de sensibilidade relevantes para a FSW das ligas de Mg AZ80A

- utilizar estratégias de otimização de respostas múltiplas durante o FSW de ligas distintas de Mg, nomeadamente AZ80A Mg e AZ31B Mg

- formular um modelo numérico multi-objetivo baseado em Central Composite Design (i.e., CCD), utilizando a técnica de análise relacional cinzenta, para otimizar os parâmetros dependentes da ferramenta (nomeadamente a velocidade de deslocação da ferramenta, a sua velocidade de rotação e a geometria do pino) durante a FSW de ligas distintas de Mg, nomeadamente AZ80A e AZ31B Mg, sendo as respostas a resistência à tração e a percentagem de alongamento das juntas.

CHAPTER 5

ESQUEMA DE INVESTIGAÇÃO EXPERIMENTAL E DISPOSIÇÃO EXPERIMENTAL

5.1 PLANO DE INVESTIGAÇÃO INVESTIGAÇÃO

Um dos objectivos mais importantes desta investigação experimental é formular equações numéricas com base numa análise de regressão quadrática que ilustre o impacto dos parâmetros do processo FSW (nomeadamente a velocidade de rotação da ferramenta, a velocidade de deslocação da ferramenta, a força exercida axialmente para baixo, o diâmetro do ombro e do pino da ferramenta utilizada e a dureza da ferramenta) e estabelecer equações relacionadas com a sensibilidade com base nestes modelos numéricos formulados. Este trabalho também tem como objetivo determinar as caraterísticas relacionadas com a sensibilidade dos parâmetros do processo FSW utilizados e prever os pré-requisitos relacionados com a afinação fina destes parâmetros do processo FSW durante a FSW da liga AZ80A Mg. Para atingir estas ambições deste trabalho de investigação experimental, foi planeada a realização de todo o conjunto de experiências na sequência abaixo mencionada:

- identificar os parâmetros mais influentes do processo FSW com base na pesquisa bibliográfica detalhada e na experiência dos investigadores experimentais que realizam este trabalho de investigação

- selecionar as respostas baseadas em resultados mais adequadas com base na aplicação das ligas de Mg a soldar por fricção, nas propriedades físicas e químicas relevantes dessas ligas de Mg

- determinação dos limites superior e inferior dos parâmetros considerados neste trabalho de investigação e os limites inferior e superior dos parâmetros foram determinados com base nos vários ensaios experimentais e na observação macro-estrutural das juntas de liga de Mg fabricadas
- formular uma matriz de conceção de base numérica para a realização da investigação experimental proposta e esta matriz de conceção será formulada com base no número de repetições necessárias, na ordem das experiências e nos recursos disponíveis, incluindo a disponibilidade de máquinas
- realizar experiências de soldadura por fricção de acordo com a matriz de conceção formulada, com a ajuda da máquina de soldar por fricção e registar os vários resultados dessas experiências
- analisar os dados de base numérica utilizando o software design expert e estabelecer modelos numéricos utilizando ANOVA, tendo em consideração os factores mais influentes
- verificar a competência do modelo numérico estabelecido e validar o modelo empírico formulado, comparando os valores reais com os valores previstos
- utilizar a RSM (ou seja, a metodologia da superfície de resposta) para otimizar os parâmetros do processo FSW e realizar a verificação dos valores optimizados com base no Minitab
- realizar uma análise de sensibilidade baseada nos parâmetros optimizados do processo para verificar a sensibilidade dos parâmetros em cada uma das respostas
- registar os resultados e a sua aplicação

Além disso, a presente investigação experimental também emprega GRA (i.e., análise relacional cinzenta) para formular um modelo numérico multi-objetivo baseado em Central Composite Design (i.e., CCD), para otimizar os parâmetros dependentes da ferramenta (nomeadamente a velocidade de deslocação da ferramenta, a sua velocidade de rotação e a geometria do pino) durante a FSW de ligas distintas de Mg, nomeadamente AZ80A e AZ31B Mg, sendo as respostas a resistência à tração e a percentagem de alongamento das juntas. Os vários passos da GRA empregues nesta investigação experimental são os seguintes:

- realização de ensaios experimentais de acordo com a matriz baseada no Central Composite Design (i.e., CCD)
- normalização dos dados experimentais originais e este processo é também designado por geração de relações cinzentas
- determinar o Coeficiente de Relação Cinzenta (ou seja, GRC) e calcular o Grau de Relação Cinzenta (ou seja, GRG)
- determinação da combinação optimizada dos parâmetros do processo durante o FSW de ligas distintas de Mg, nomeadamente AZ80A Mg e AZ31B Mg
- Implementar a ANOVA (i.e., Análise de Variância), prevendo o valor do Grau Relacional Cinzento optimizado (i.e., GRG)
- Realização do teste de confirmação do valor do grau relacional cinzento (GRG)

5.2 PROPRIEDADES DOS MATERIAIS DE BASE

Placas rectangulares de 50 mm de largura, 100 mm de comprimento e 6 mm de espessura das ligas de Mg AZ31B e AZ80A foram tomadas como materiais de base neste trabalho de investigação experimental. Foi utilizado um espetrómetro de vácuo do modelo 3460 e da marca ARL (Estados Unidos da América) para determinar os constituintes de base química destes metais de base. O espetro do metal de base foi avaliado individualmente para determinar os constituintes da liga por meio de faíscas acesas em locais distintos da amostra do metal de base.

5.3 PROPRIEDADES DA LIGA AZ31B Mg

O AZ31B, uma liga forjada de Mg que possui uma resistência e ductilidade superiores à temperatura ambiente, em combinação com resistência à corrosão e soldabilidade, foi tomado como um dos metais de base neste trabalho. Uma das propriedades únicas da liga de Mg AZ31B é o facto de poder absorver facilmente as vibrações e, por esta razão, esta liga de Mg é prontamente preferida no fabrico de ferramentas de betão e maquinaria utilizada nos têxteis. O sector automóvel também começou a utilizar as ligas de Mg AZ31B nos seus super carros, especialmente para fabricar acessórios mais leves e rígidos, como rodas para carros de corrida. As caraterísticas não magnéticas, de condutividade térmica e eléctrica superior da liga AZ31B Mg também a tornaram preferível nos sectores de fabrico de computadores, especialmente para utilização em blindagem baseada em EMI (ou seja, interferência electromagnética) e RFI (ou seja, interferência de radiofrequência). A liga AZ31B Mg está geralmente disponível sob a forma de placas, varões, barras (planas, redondas e quadradas), chapas e placas para ferramentas.

5.3.1 Componentes químicos

Vários ingredientes de base química de um dos materiais de base deste trabalho de investigação experimental, nomeadamente, a liga AZ31B Mg, juntamente com as suas percentagens, são descritos na Tabela 5.1 de forma resumida.

Tabela 5.1 Componentes de base química da liga de Mg AZ31B

Componentes de liga	Percentagem de conteúdo

Zinco	1.38
Cobre	0.053
Ferro	0.0049
Alumínio	3.06
Níquel	0.0049
Silício	0.13
Manganês	0.22
Magnésio	Restante

5.3.2 Propriedades mecânicas e físicas

As propriedades físicas relevantes da liga AZ31BMg extrudida são descritas resumidamente na Tabela 5.2.

Tabela 5.2 Liga AZ31B Mg - Propriedades físicas

S.N.	Imóveis	Métrica	Imperial
1	Densidade	1,77 g/cm^3	0,0639 lb/in^3
2	Ponto de fusão	605 - 630°C	1120 - 1170°F
3	Calor de fusão	340 J/g	146 BTU/lb
4	Capacidade térmica específica	1,00 J/g-°C	0,239 BTU/lb-°F
5	Temperatura de processamento	230 - 425 °C	446 - 797°F

Várias propriedades mecânicas relevantes da liga AZ31BMg extrudida são descritas resumidamente na Tabela 5.3.

Tabela 5.3 Liga AZ31B Mg - Propriedades mecânicas

S.N.	Imóveis	Métrica	Imperial
1	Resistência à tração	290 MPa à temperatura ambiente	42,1 ksi à temperatura ambiente
2	Resistência máxima do rolamento	495 MPa	71,8 ksi
3	Ração de Poisson	0.35	0.35
4	Dureza, Knoop	96	96
5	Dureza, Brinell	73	73
6	Módulo de elasticidade	17,0 GPa a 315°C	2470 ksi a 599°F
7	Resistência à fluência	7,00 MPa	1,02 ksi
8	Resistência ao escoamento	220 MPa	31,9 ksi
9	Módulo de cisalhamento	17,0 GPa	2470 ksi
10	Resistência ao cisalhamento	160 MPa	23,2 ksi
11	Resistência ao escoamento do rolamento	325 MPa	47,1 ksi
12	Impacto Charpy	4.30 J	3,17 pés-lb

5.3.3 Propriedades eléctricas e térmicas

Várias propriedades eléctricas relevantes da liga AZ31BMg extrudida são descritas resumidamente na Tabela 5.4.

Tabela 5.4 Liga de Mg AZ31B - Propriedades eléctricas (Hassan *et al.* 2013)

S.N.	Imóveis	Valor

1	Condutividade eléctrica - peso semelhante	95 % IACS (ou seja, International Annealed Copper Standard)
2	Condutividade eléctrica - volume semelhante	18 % IACS (ou seja, norma internacional de cobre recozido)
3	Resistividade eléctrica	0,00000920 ohm-cm

Várias propriedades térmicas relevantes da liga AZ31BMg extrudida são descritas resumidamente na Tabela 5.5.

Tabela 5.5 Liga AZ31B Mg - Propriedades térmicas (Wang *et al.* 2020).

S.N.	Imóveis	Métrica	Imperial
1	Liquidus	630°C	1170°F
2	Sólido	605°C	1120°F
3	Condutividade térmica	96,0 W/m-K	666 BTU-in/hr-ft²-°F
4	Coeficiente de Expansão Térmica (Linear)	26,0 µm/m-°C a 0 - 100°C	14,4 µin/in-°F a 32 - 212°F
5	Calor de fusão	340 J/g	146 BTU/lb
6	Temperatura de recozimento	345°C	653°F

5.4 PROPRIEDADES DA LIGA AZ80A Mg

A liga AZ80 de Mg é uma liga de Mg de categoria forjada, de resistência superior e tratável termicamente, especialmente adequada para peças forjadas e para extrusões de conceção simples, que requerem uma resistência extrema à fadiga e uma resistência exemplar à corrosão. O número UNS (Sistema de Numeração Unificado) designado para esta liga de Mg AZ80A é M11800 e a designação numérica baseada na ISO (Organização Internacional de Normalização) para esta liga de Mg é WD21170. Outras especificações normalizadas utilizadas para designar a liga de Mg AZ80A incluem AMS4360, ASTM B91-12 e FEDERAL QQ-M-40B. A liga de Mg AZ80A é muito semelhante à liga de Mg AZ61A-F em algumas das suas caraterísticas, mas a resistência da liga de Mg AZ80A é muito superior à resistência da liga de Mg AZ61A-F. A liga AZ80A Mg, tal como a liga AZ31B Mg, contém alumínio e zinco como principais ingredientes de liga.

5.4.1 Componentes químicos baseados em - Liga de Mg AZ80A

A Tabela 5.6 descreve em pormenor os vários constituintes químicos da liga de Mg AZ80A, juntamente com a sua percentagem.

Tabela 5.6 Componentes de base química da liga de Mg AZ80A

Componentes de liga	Percentagem de conteúdo
Zinco	0.2 - 0.8
Cobre	≤0.050
Ferro	≤0.0050
Alumínio	7.8 - 9.2
Silício	≤0.10
Manganês	≥0.12
Níquel	≤0.0050
Magnésio	Restante

Estes constituintes químicos da liga AZ80A Mg foram determinados utilizando a espetrometria de fluorescência de raios X (XRF), que determinou as proporções da liga investigada e a identidade dos principais óxidos de materiais de composição muito diferente, tais como silicatos, carbonatos, sulfatos e fosfatos, desde menos de 0,01% até 100%. A razão para empregar esta análise é o facto de ser uma metodologia rápida e não destrutiva.

5.4.2 Propriedades mecânicas e físicas - Liga de Mg AZ80A

A tabela 5.7 descreve resumidamente as várias propriedades mecânicas relevantes da liga de Mg AZ80A

Tabela 5.7 Liga de Mg AZ80A - Propriedades mecânicas

S.N.	Imóveis	Métrica	Imperial
1	Ração de Poisson	0.35	0.35
2	Dureza Brinell	82	82
3	Alongamento	7.0%	7.0%
4	Dureza Knoop	106	106
5	Maquinabilidade	100%	100%
6	Dureza, Rockwell A	35	35
7	Resistência à tração final	380 MPa	55100 psi
8	Dureza, Vickers	93	93
9	Resistência ao cisalhamento	165 MPa	23900 psi
10	Módulo de cisalhamento	17,0 GPa	2470 ksi
11	Dureza, Rockwell B	50	50
12	Módulo de tração	45,0 GPa	6530 ksi
13	Resistência ao escoamento por compressão	240 MPa	34800 psi
14	Resistência à tração	275 MPa	39900 psi

A tabela 5.8 descreve resumidamente as propriedades físicas da liga de Mg AZ80A

Tabela 5.8 Liga de Mg AZ80A - Propriedades físicas

S.N.	Imóveis	Métrica	Imperial
1	Densidade	1,80 g/cc	0,0650 lb/in^3
2	Ponto de fusão	>= 427°C	>= 801°F
3	Calor de fusão	370 J/g	159 BTU/lb
4	Capacidade térmica específica	1,05 J/g-°C	0,251 BTU/lb-°F
5	Temperatura de processamento	320 - 400°C	608 - 752°F

5.4.3 Propriedades térmicas - Liga de Mg AZ80A

A Tabela 5.9 descreve resumidamente as propriedades térmicas relevantes da liga de Mg AZ80A. Durante a maquinação da liga de Mg AZ80A são normalmente utilizadas taxas de avanço moderadas, profundidade de corte juntamente com velocidades de corte mais elevadas e folga suficiente para as aparas e a utilização destes cenários conduz a uma maquinação mais fácil das ligas de Mg AZ80A. A trabalhabilidade da liga AZ80A Mg geralmente exige trabalho a quente no espetro de cerca de 260 ° C - 295 ° C e a liga AZ80A Mg também exige que se evite o forjamento a martelo e pode ser forjada em formas e tamanhos relevantes por meio da aplicação de pressão. Ao mesmo tempo, a liga AZ80A Mg pode ser extrudida de uma forma fácil e pronta. A escassez de calor da liga AZ80A Mg é de cerca de 400°C. A quantidade de energia necessária para remover o material da liga de Mg AZ80A por centímetro cúbico situa-se no intervalo de 10 a 13 watts por minuto, dependendo das condições de funcionamento.

Tabela 5.9 Liga de Mg AZ80A - Propriedades térmicas

S.N.	Imóveis	Métrica	Imperial
1	Liquidus	610°C	1130°F
2	Sólido	490°C	914°F

3	Condutividade térmica	76,0 W/m-K	527 BTU-in/hr-ft²-°F
4	Coeficiente de Expansão Térmica (Linear)	26,0 μm/m-°C @ Temperatura 0.000 - 100 °C	14,4 μin/in-°F @Temperatura 32.0 - 212 °F
5	Temperatura de recristalização	345°C	653°F
6	Temperatura de recozimento	385°C	725°F
7	Temperatura de envelhecimento	205°C	400°F
8	Temperatura da solução	415°C	780°F
9	Tempo de envelhecimento	1 hora	1 hora

5.5 FERRAMENTA - PROPRIEDADES DOS MATERIAIS E CONCEÇÃO

Foi provado por vários investigadores (Hassan *et al.* 2013) que a geometria e o design da ferramenta utilizada durante o processo FSW desempenham um papel inevitável no impacto do fluxo dos materiais amolecidos e na geração de calor de fricção. O perfil do pino da ferramenta utilizada tem um impacto maior no fluxo do metal plastificado durante o processo de FSW e na integridade da junta obtida. O ombro da ferramenta utilizada desempenha o papel de produzir a maior parte do calor de fricção e também impede que o material amolecido se desloque para fora da superfície das chapas a soldar.

Neste trabalho experimental, foi utilizada uma ferramenta com uma geometria de cavilha cilíndrica cónica, como ilustrado na Figura 5.1, com um ombro exterior de 45 mm de comprimento e 22 mm de diâmetro, seguido de um ombro interior de 10 mm de comprimento e 15 mm de diâmetro e, finalmente, uma cavilha cilíndrica cónica de 5,85 mm de comprimento.

O material a selecionar para fabricar a ferramenta a utilizar durante o processo FW depende normalmente do material de base a soldar por fricção e da espessura desse material. Neste trabalho experimental, como os materiais de base são as ligas AZ80A Mg e AZ31B Mg, com base na revisão detalhada da literatura, o aço rápido de grau M42 (i.e., HSS) foi escolhido como o material ideal para fabricar a ferramenta FSW a ser utilizada em todo este conjunto de trabalhos de investigação experimental.

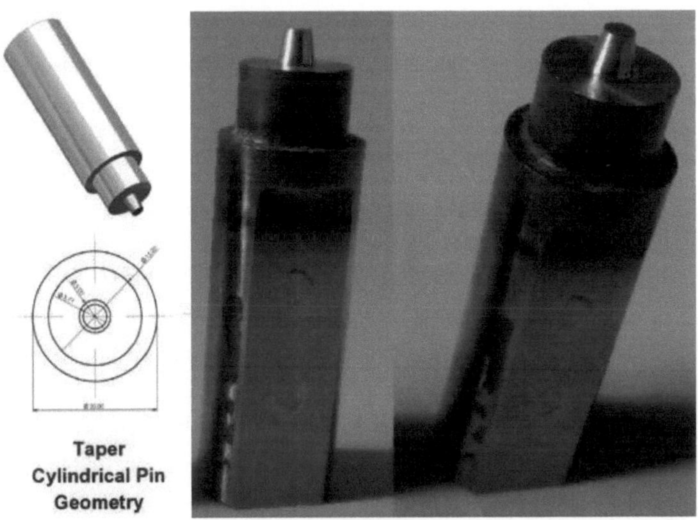

Figura 5.1 Ilustração das dimensões e fotografias da ferramenta perfilada de pino cilíndrico cónico utilizada neste trabalho

Apesar de existirem muitos materiais como nitreto de carbono e boro, carboneto de tungsténio, aço para ferramentas, aço de alto carbono, etc., as principais razões que levaram à seleção do HSS de grau M42 como material de ferramenta são as várias caraterísticas únicas do material HSS de grau M42 e estão listadas abaixo:

- O HSS de grau M42 é um aço de molibdénio de velocidade superior que possui uma resistência muito exemplar ao desgaste e à abrasão

- O HSS de grau M42 está facilmente disponível no mercado e o seu custo é muito mais barato e razoável
- O HSS de classe M42 possui uma dureza superior a quente, juntamente com valores mais elevados de dureza
- O HSS de classe M42 pode ser processado de forma mais fácil e apresenta um desempenho superior durante mais tempo
- O HSS de grau M42 permite reduzir os tempos de ciclo durante os cenários de fabrico devido às suas maiores velocidades de corte e também aumenta o tempo de troca entre as ferramentas
- O HSS de grau M42 é também menos suscetível de lascar quando utilizado para cortes interrompidos
- Verificou-se que as arestas de corte fabricadas em HSS de grau M42 permanecem duras e afiadas durante os processos de corte baseados em trabalhos pesados e de maior produção

A composição química do HSS de grau M42 utilizado como material para fabricar a ferramenta usada na soldadura por fricção de ligas de Mg está descrita na Tabela 5.10.

Tabela 5.10 Composição de base química do HSS de grau M42

Material	**Composição**									
	Co	**V**	**Mo**	**W**	**S**	**P**	**Ni**	**Cr**	**Si**	**C**
HSS de grau M42	8.00	1.20	9.50	1.50	0.03	0.03	0.3	3.85	0.45	1.08

As várias propriedades mecânicas relevantes do HSS de classe M42 são descritas na Tabela 5.11.

Tabela 5.11 HSS de grau M42 - Propriedades mecânicas

S.N.	Imóveis	Imperial	Métrica
1	Módulo de elasticidade	27557-30457 ksi	190-210 GPa
2	Rácio de Poisson	0.27-0.30	0.27-0.30
3	Maquinabilidade (1% aço carbono)	35.0 - 40.0%	35.0 - 40.0%
4	Impacto Izod não retificado (temperado em óleo a 1191°C; temperatura de têmpera de 622°C)	24.4 J	24.4 J
5	Impacto Izod não retificado (temperado em óleo a 1191°C; temperatura de têmpera de 510°C)	10,0 pés-lb	13.6 J
6	Dureza, Rockwell C (óleo temperado a partir de 1163°C)	65.8	65.8
7	Dureza, Rockwell C (óleo temperado a partir de 1177°C, 5 minutos)	65.5	65.5
8	Dureza, Rockwell C (temperada com óleo a partir de 1204°C, 5 minutos)	64.3	64.3

5.6 PEÇAS DE TRABALHO EM LIGA DE Mg - PREPARAÇÃO

As matérias-primas para este trabalho experimental foram lingotes de liga de Mg AZ80A e de liga de Mg AZ31B disponíveis no mercado e o número necessário de biletes foi cortado do lingote com as dimensões necessárias, tendo estes biletes sido sujeitos a um processo de tratamento térmico à base de solução a cerca de 425°C durante cerca de 2 horas, utilizando um forno de resistência eléctrica. Seguiu-se uma têmpera à base de água a temperaturas ambiente. Estes biletes foram depois extrudidos com um rácio de 26 e, assim, foram fabricadas as placas extrudidas com 55 mm de largura.

Estas placas extrudidas foram depois cortadas em várias placas e submetidas a um envelhecimento a uma temperatura de 180°C durante cerca de 120 min e depois foram laminadas ao longo da direção de extrusão a uma temperatura de 375°C durante 5 passagens, no meio das quais foram recozidas durante 12 minutos à mesma temperatura, juntamente com uma redução total de 35% na espessura. A têmpera à base de água foi efectuada imediatamente após as passagens finais de laminagem. A estrutura das placas de liga de Mg AZ80A finalmente laminadas possuía dimensões de 110 mm de comprimento, 6 mm de espessura e 55 mm de largura. A Figura 5.2 mostra as fotografias dos provetes das ligas de Mg AZ80A e AZ91C obtidas através dos processos acima mencionados e mantidas prontas para serem soldadas através do processo de soldadura por fricção.

Os espécimes de tração foram obtidos a partir do comprimento médio de cada junta fabricada. Para a preparação dos espécimes de tração, foram seguidas as diretrizes da ASTM (Sociedade Americana de Ensaios e Materiais), nomeadamente a ASTM: B557M-10, a fim de estudar e compreender as propriedades do metal de base. As modificações nos atributos mecânicos das juntas de liga de Mg soldadas por fricção (ou seja, resistência à tração, tensão de cedência, percentagem de alongamento) foram examinadas e registadas com a ajuda destes espécimes obtidos após a fratura baseada no ensaio de tração. Os ensaios de tração relevantes acima mencionados foram realizados utilizando uma máquina de ensaios universal de 90 - 110 kN regulada eletrónica e mecanicamente. A percentagem de alongamento compensado de 0,2 - 0,3% e a resistência relevante ao escoamento também foram determinadas.

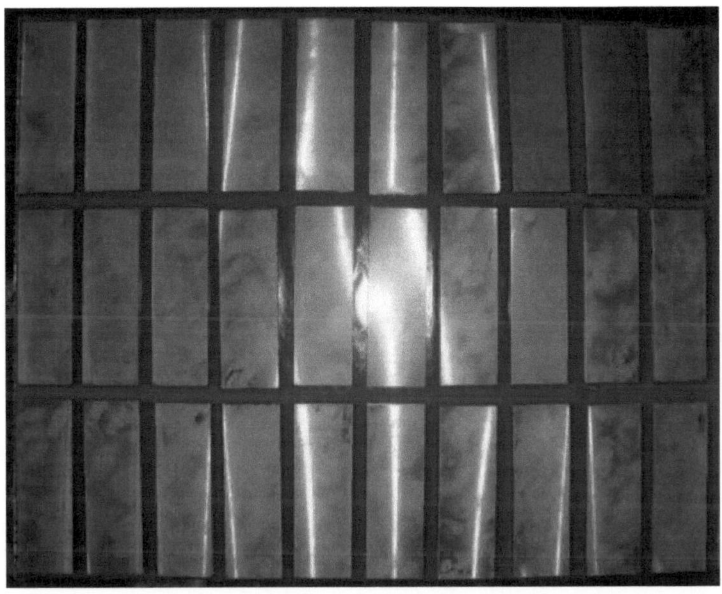

Figura 5.2 Fotografia das placas planas das ligas de Mg AZ80A e AZ31B a serem unidas pelo processo FSW

5.7 RESUMO

Este capítulo resumiu de forma detalhada o plano esquemático do trabalho de investigação experimental que está a ser seguido na realização de todo este trabalho de investigação experimental. Este capítulo também resumiu os vários passos da GRA empregues nesta investigação experimental. Os vários ingredientes de base química, as propriedades físicas, mecânicas, térmicas e eléctricas relevantes de ambos os metais de base, nomeadamente as ligas AZ31B Mg e AZ80A Mg, foram elaborados neste capítulo. Este capítulo descreve depois as várias propriedades físicas, mecânicas e térmicas do HSS de grau M42, selecionado como material para o fabrico da ferramenta a utilizar neste trabalho experimental. Este capítulo também enumera as razões para a escolha do HSS de classe M42 como o material da ferramenta para este trabalho de investigação e também menciona os vários méritos e propriedades únicos do

HSS de classe M42. Este capítulo discute, de seguida, a importância do desenho da ferramenta e da geometria do pino no impacto da qualidade das juntas das ligas AZ31B Mg e AZ80A Mg a serem fabricadas através do processo FSW. Este capítulo descreve em detalhe os vários procedimentos adoptados durante a preparação das placas planas das ligas AZ31B e AZ80A Mg.

CHAPTER 6

ANÁLISE DA SENSIBILIDADE E FORMULAÇÃO DE UMA RELAÇÃO EMPÍRICA ENTRE OS PARÂMETROS DO PROCESSO FSW E A RESISTÊNCIA À TRAÇÃO DAS JUNTAS DE LIGA AZ80A E MG. JUNTAS DA LIGA AZ80A MG

6.1 INTRODUÇÃO

Nos últimos anos, a crescente procura de redução do consumo de combustível e dos custos relevantes conduziu à necessidade de substituir peças e componentes de maiores dimensões por ligas de metais mais leves, tanto no sector aeroespacial como no sector automóvel (Bai *et al.* 2021). As ligas de Mg (magnésio) tornaram-se um dos materiais amplamente preferidos para o fabrico de estruturas leves relacionadas com o sector aeroespacial e automóvel, devido à sua rigidez mecânica superior relevante, reciclabilidade eficiente, menor densidade, facilidade de maquinação, resistência exemplar relacionada com a temperatura ambiente, etc. (Song *et al.* 2018).

Por exemplo, a AZ80A, uma liga de Mg tratável termicamente, tem sido amplamente utilizada para fabricar peças e componentes relevantes para a indústria aeroespacial e automóvel de resistência superior, incluindo cubos de rotor e caixas de velocidades de helicópteros, peças de supercarregadores, quadros de motociclos, peças de motores de automóveis, rodas de estrada, etc. (Shen *et al.* 2017). Ao mesmo tempo, as ligas de Mg não podem ser soldadas facilmente através do emprego de técnicas de soldadura por fusão. Isto deve-se principalmente ao facto de as ligas de Mg terem uma forte afinidade com o oxigénio e vários oxidantes químicos relevantes, levando à sua oxidação imediata na área da junta durante o emprego da soldadura por fusão (Xia *et al.* 2017).

Questões adicionais relacionadas com o emprego de técnicas de soldadura baseadas na fusão para soldar ligas de Mg incluem a fusão parcial, fissuras, porosidade, etc., que surgem durante a sua solidificação, o que degrada a resistência das juntas soldadas (Macwan & Chen 2016). Assim, prevalece uma necessidade inevitável de identificação de uma técnica de soldadura fiável e adequada para unir as ligas de Mg para aumentar a sua utilização nos sectores aeroespacial e automóvel relacionados (Dhanesh Babu *et al.* 2021).

A FSW (ou seja, soldadura por fricção), uma técnica de soldadura de categoria de estado sólido, provou ser um processo de união eficiente na eliminação de problemas relevantes de solidificação ao unir ligas de Al, Cu, aço, etc., devido à sua capacidade de impedir a fusão de material a granel durante o processo de união (Wang *et al.* 2017). Além disso, o emprego de FSW para unir ligas de Al e aço também reduziu significativamente as tensões residuais da categoria e as distorções relevantes, uma vez que a temperatura que surge durante este FSW é razoavelmente mais baixa quando comparada com a dos processos de soldadura por fusão (Joo 2013).

Além disso, foi provado que, durante o emprego de FSW, a formação de várias falhas, incluindo fissuras a quente, porosidade, segregação de metal, etc., foi eliminada, uma vez que a fusão dos metais de base não ocorre. Como o metal de base não é fundido durante a FSW, esta técnica é amplamente preferida em relação a várias metodologias de soldadura por fusão (Vairis *et al.* 2016).

Para obter juntas de qualidade superior num processo de união automatizado como o FSW, de acordo com factos comprovados de engenharia, é essencial escolher o valor ótimo dos parâmetros. É uma prática tradicional escolher os parâmetros dos processos de união através de metodologias de acerto e erro, baseando-se em recomendações e valores de referência dados pelos fabricantes (Wang *et al.* 2013). Ao mesmo tempo, verificou-se que esta estratégia tradicional de seleção de parâmetros não produzia resultados óptimos e também resultava na obtenção de juntas de qualidade inferior (Bagheri *et al.* 2021).

Além disso, esta estratégia tradicional de seleção de parâmetros também leva ao consumo de material e energia extra. Como resultado, torna-se necessário compreender a estabilidade e a importância dos parâmetros utilizados nos processos de união, de modo a obter juntas de qualidade superior (Zhao *et al.* 2019). Antecipar os impactos de pequenas modificações nos atributos relacionados com o design é uma parte vital nos cenários relacionados com o design de engenharia (Nakhaei *et al.* 2013). Assim, através de um sistema de previsão modelado numericamente, o impacto de poucas modificações nos atributos em relação ao objetivo abrangente baseado no modelo pode ser verificado. Esta categoria de controlo foi designada por análise de sensibilidade baseada no projeto (Acherjee *et al.* 2015).

Em primeiro lugar, a análise baseada na sensibilidade fornece informações sobre as tendências relacionadas com o decréscimo e o incremento de uma função objetivo relacionada com o projeto e relevante para os parâmetros associados ao projeto (Kim & Eagar 2015). Por exemplo, Sarıgül & Seçgin 2004 procuraram determinar a sensibilidade dos atributos acústicos relevantes dos sistemas de vibração em relação às variações dos parâmetros de projeto e à previsão desses atributos. Nesta investigação, foi formulado um código de material perimetral que retrata a análise de sensibilidade da pressão acústica em relação a variáveis de projeto distintas, utilizando as matrizes de sensibilidade. Para além disso, a análise de sensibilidade da dimensão de 2 fontes esféricas esticáveis foi levada a cabo nesta investigação.

A partir de um estudo detalhado da literatura (Fang & Tian 2021), pode ser entendido que as investigações experimentais realizadas em várias metodologias de soldadura relevantes para a fusão, empregando a análise de sensibilidade relevante, são limitadas. Por exemplo, (Kim *et al.* 2008) no seu trabalho experimental, utilizaram uma análise baseada na sensibilidade para identificar e comparar os impactos individuais dos atributos utilizados no processo automatizado de junção por arco de metal a gás, na geometria do cordão utilizado, de modo a validar as falhas relacionadas com a medição dos valores de incerteza em relação aos parâmetros previstos. Os parâmetros tidos em conta neste trabalho incluem a tensão de união, a velocidade de soldadura e a corrente do arco utilizado. Os resultados anunciaram que o modelo baseado na análise de sensibilidade formulado foi eficaz na estimativa dos impactos dos parâmetros empregues na geometria do cordão e mesmo pequenas modificações nestes parâmetros empregues tiveram um impacto significativo na largura e altura do cordão quando comparado com a penetração.

Para além dos impactos bem estabelecidos dos principais parâmetros do processo de soldadura por arco submerso, a tentativa experimental apresentada por (Karaoğlu & Seçgin 2008) centrou-se na análise relacionada com a sensibilidade dos parâmetros e nos seus requisitos relevantes de afinação para obter uma geometria optimizada do cordão de junta. Neste trabalho, os parâmetros variáveis, incluindo a velocidade, a corrente e a tensão da soldadura por arco submerso, foram tomados como variáveis baseadas no design e o objetivo foi enquadrado considerando a penetração, a altura e a largura do cordão de junta e foi formulado um modelo numérico empregando uma análise de regressão baseada em curvilíneo. O emprego da análise baseada na sensibilidade revelou que mesmo uma modificação mínima nestes parâmetros utilizados contribuiu para uma grande alteração na qualidade das juntas obtidas. Foi também registado que a penetração do cordão de junta era relativamente pouco sensível às variações relacionadas com a velocidade e a tensão.

Embora alguns investigadores (Bhushan & Sharma 2019) tenham feito algumas tentativas experimentais em FSW de AZ80A e outras ligas à base de Mg, o seu objetivo era descobrir a influência dos parâmetros nos atributos mecânicos das juntas soldadas por fricção e otimizar os parâmetros do processo

FSW, de modo a obter juntas de boa qualidade. Até à data, não foram realizados trabalhos experimentais que se concentrem na análise baseada na sensibilidade dos parâmetros durante a soldadura por fricção de ligas de Mg e nos requisitos relacionados com a sua afinação fina para obter juntas de liga de Mg de qualidade superior (Seetharaman *et al.* 2022).

Neste trabalho experimental, foi feito um esforço para construir relações empíricas entre os parâmetros do processo FSW e a resistência à tração das juntas de liga de Mg obtidas, com base nos dados de investigação gerados pela análise fatorial baseada em 6 parâmetros - 5 níveis. Neste trabalho, as equações numéricas que ilustram os parâmetros do processo FSW foram formuladas com base numa análise de regressão quadrática e as equações relacionadas com a sensibilidade foram estabelecidas a partir destes modelos numéricos. Normalmente, para realizar uma análise baseada na sensibilidade, é necessário definir uma função objetivo e os parâmetros do processo utilizado (Kouadri-Henni & Barrallier 2014).

Neste trabalho, a função baseada no objetivo foi selecionada como a resistência à tração das juntas da liga AZ80A Mg obtidas e 6 parâmetros do processo FSW (nomeadamente a velocidade de rotação da ferramenta, a velocidade de deslocação da ferramenta, a força exercida axialmente para baixo, o diâmetro do ombro e do pino da ferramenta utilizada e a dureza da ferramenta) foram tomados em consideração como variáveis relacionadas com o projeto. Este trabalho experimental tem como objetivo determinar as caraterísticas relacionadas com a sensibilidade dos parâmetros do processo FSW e prever os pré-requisitos relacionados com a afinação fina destes parâmetros durante a FSW das ligas de Mg AZ80A. Este trabalho tem também como objetivo fornecer um mapa detalhado das caraterísticas de sensibilidade relevantes para a FSW das ligas de Mg AZ80A.

6.2 REGIME DE INQUÉRITO

6.2.1 Metal e ferramentas da empresa-mãe

A matéria-prima para este trabalho experimental foi comercialmente disponível AZ80A Mg ally lingotes e o número necessário de tarugos foram cortados do lingote nas dimensões necessárias e esses tarugos foram submetidos a um processo de tratamento térmico baseado em solução em torno de 425 °C por quase 2 horas usando um forno do tipo resistência elétrica. Isto foi então seguido por têmpera à base de água a temperaturas de ambiente. Esses tarugos foram então extrudados em uma proporção de 26 e, assim, as placas extrudadas de 55 mm de largura foram fabricadas. Essas placas extrudadas foram então cortadas em vários números de placas e foram então submetidas ao envelhecimento a uma temperatura de 180 °C por cerca de 120 min e, em seguida, foram enroladas ao longo da direção de extrusão a uma temperatura de 375 °C por 5 passagens, em meio às quais foram recozidas por 12 minutos na mesma temperatura, juntamente com uma redução total de 35% na espessura. A têmpera à base de água foi feita imediatamente após os passes finais de laminação.

A estrutura das placas de liga AZ80A Mg finalmente laminadas possuía uma dimensão de 110 mm de comprimento, 6 mm de espessura e 55 mm de largura. O tamanho médio dos grãos das placas de liga de Mg AZ80A finalmente laminadas era de cerca de 34,6µm. Os constituintes de base química desta liga de Mg e as suas propriedades mecânicas são mencionados nas Tabelas 6.1 e 6.2, respetivamente.

Tabela 6.1 Componentes químicos (% peso) do metal objeto de inquérito

Material	Al	Fe	Cu	Si	Ni	Zn	Mn	Mg
AZ80A liga de Mg	8.3	0.0048	0.047	0.89	0.0046	0.68	0.34	91

Tabela 6.2 Propriedades mecânicas do metal objeto de investigação

Material	Resistência ao escoamento, MPa	Resistência à tração, MPa	Percentagem de alongamento
AZ80A liga de Mg	200	290	6.3

As chapas de liga de Mg AZ80A foram unidas em ângulos de 90^0 em relação à sua direção de laminagem, de modo a obter juntas de topo, utilizando uma máquina FSW, de categoria semi-automática. Para a soldadura das chapas AZ80A foi utilizada uma ferramenta de aço rápido de categoria M42, com um pino cilíndrico cónico. A ferramenta foi submetida a um processo de tratamento térmico de modo a atingir a dureza necessária no intervalo de 48 - 72 HRC. O tratamento térmico da ferramenta FSW foi seguido de arrefecimento, de modo a garantir a consistência das propriedades mecânicas relevantes da ferramenta FSW e a torná-la adequada para ser utilizada no processo FSW. Na Figura 6.1 (a) - (h) podem ver-se fotografias do processo FSW bem sucedido, passo a passo, das placas de AZ80A.

O procedimento utilizado nesta investigação experimental para atingir os objectivos pretendidos está ilustrado sob a forma de fluxograma na Figura 6.2. A partir da literatura detalhada feita com trabalhos experimentais baseados em FSW realizados anteriormente (Liu *et al.* 2019), entendeu-se que os parâmetros relevantes da ferramenta mais dominantes que tiveram um impacto significativo nas propriedades relacionadas com a tração das juntas incluem a velocidade de rotação da ferramenta utilizada, a velocidade a que a ferramenta utilizada está a atravessar, a força exercida axialmente para baixo na ferramenta, os diâmetros do pino e do ombro da ferramenta, a dureza da ferramenta utilizada. Foi provado que estes parâmetros baseados no processo do FSW contribuem principalmente para a geração de calor de fricção, afectando assim a resistência à tração das juntas (Du *et al.* 2018).

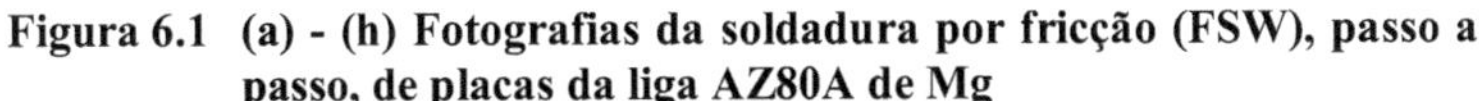

Figura 6.1 (a) - (h) Fotografias da soldadura por fricção (FSW), passo a passo, de placas da liga AZ80A de Mg

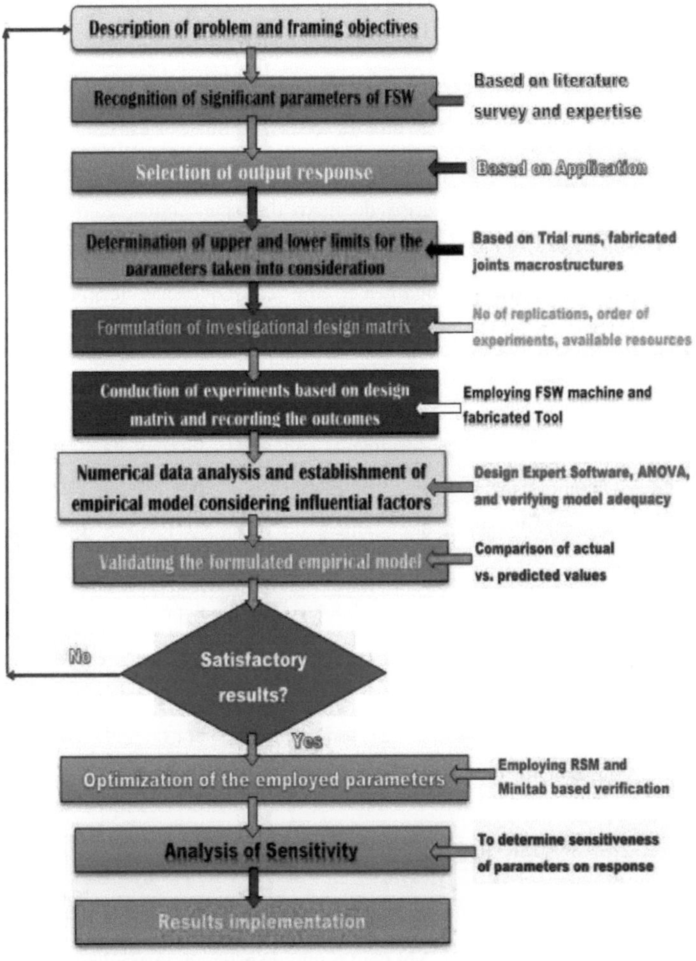

Description of problem and framing objectives

Recognition of significant parameters of FSW — Based on literature survey and expertise

Selection of output response — Based on Application

Determination of upper and lower limits for the parameters taken into consideration — Based on Trial runs, fabricated joints macrostructures

Formulation of investigational design matrix — No of replications, order of experiments, available resources

Conduction of experiments based on design matrix and recording the outcomes — Employing FSW machine and fabricated Tool

Numerical data analysis and establishment of empirical model considering influential factors — Design Expert Software, ANOVA, and verifying model adequacy

Validating the formulated empirical model — Comparison of actual vs. predicted values

Satisfactory results? — No / Yes

Optimization of the employed parameters — Employing RSM and Minitab based verification

Analysis of Sensitivity — To determine sensitiveness of parameters on response

Results implementation

Figura 6.2 Representação em fluxograma do esquema de investigação utilizado neste trabalho

Por exemplo, durante a FSW, a junta que está a ser fabricada será sujeita a desafios peculiares relacionados com o processo, como forças relativamente maiores relevantes para o processo e desgaste da ferramenta FSW, que surgem devido à interação distinta entre a peça de trabalho e a ferramenta (Kolubaev *et al.* 2018). Estas sinergias tribológicas e tensões termomecânicas relevantes na ferramenta causarão modificações na forma e na estrutura da sonda e do ombro da ferramenta. Posteriormente, provou-se que o desgaste geométrico da ferramenta FSW gera cenários de fluxo de metal flutuante, desvios na trajetória da ferramenta lateralmente e falha imatura da ferramenta em circunstâncias específicas, juntamente com consequências tecnológicas e económicas adversas (Chen *et al.* 2023).

Verificou-se que medidas de precaução relevantes para o desgaste, como revestimentos para a ferramenta utilizada, fabrico da ferramenta utilizando materiais mais duros, etc., melhoram a vida útil da ferramenta utilizada, aumentando assim a eficiência do processo FSW e diminuindo também os tempos de paragem das máquinas (Xu *et al.* 2022). Para tal, é necessário compreender fundamentalmente até que ponto a dureza da ferramenta utilizada tem impacto no desgaste geométrico relevante da ferramenta FSW durante o processo de união e, consequentemente, neste trabalho experimental, a dureza da ferramenta foi considerada como um parâmetro importante.

6.2.2 Ensaios iniciais

Foram efectuados ensaios experimentais exploratórios iniciais por FSW de placas de liga AZ80A Mg com 6 mm de espessura para determinar os limites de trabalho benéficos dos parâmetros relevantes da ferramenta de FSW. A extensão de trabalho de cada um dos parâmetros relevantes para a ferramenta foi determinada examinando as juntas fabricadas quanto à ocorrência de defeitos visíveis, incluindo flash excessivo, vazios e defeitos relacionados com túneis, falta de enchimento, falta de fusão, redução da espessura, escoriações superficiais, vieiras, etc., e a Figura 6.3 ilustra as fotografias das juntas AZ80A com os defeitos acima mencionados.

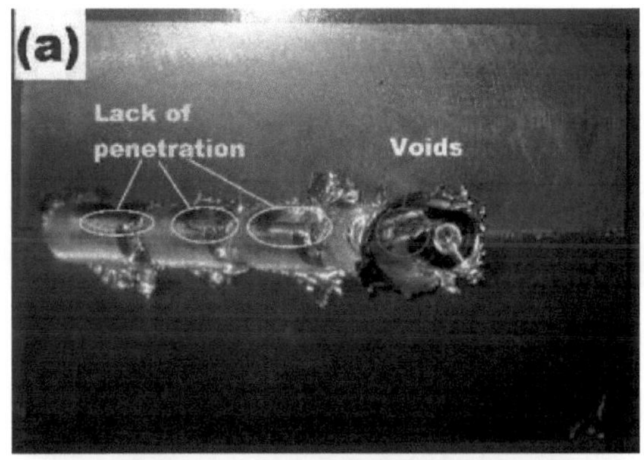

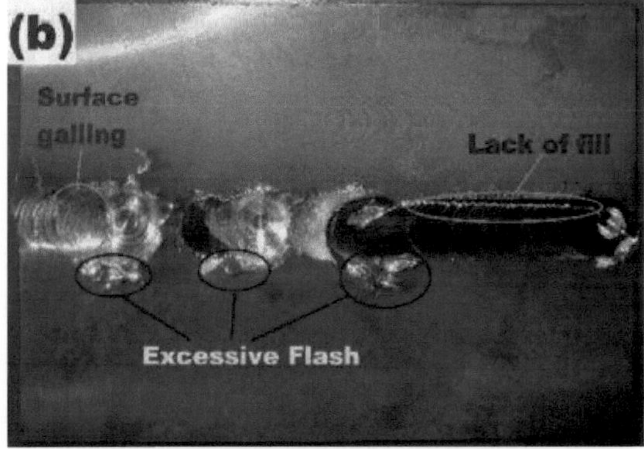

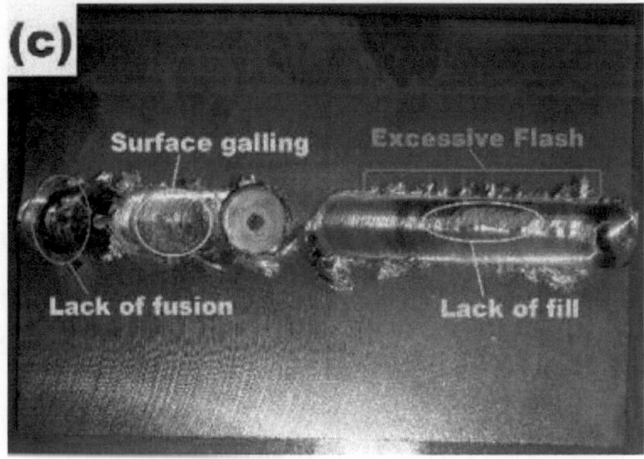

Figura 6.3 (continuação)

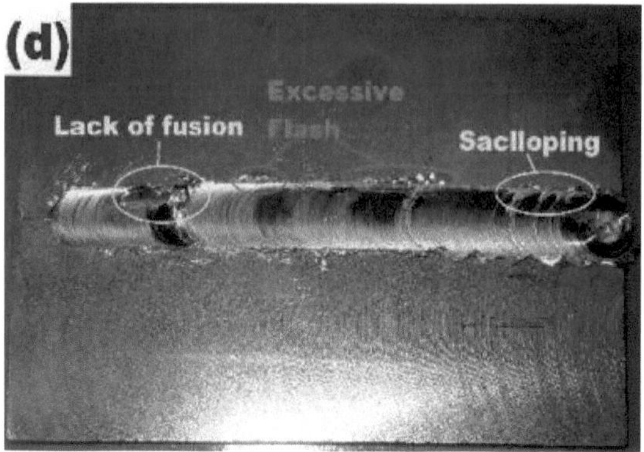

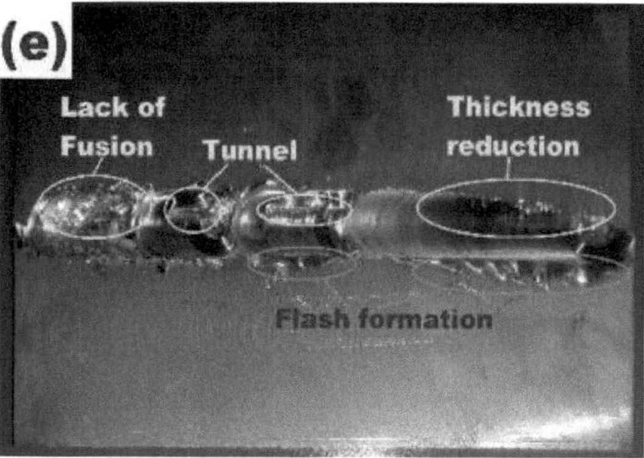

Figura 6.3 Fotografias das juntas AZ80A com vários defeitos de soldadura, fabricadas acima e abaixo do espetro de trabalho dos parâmetros relevantes da ferramenta

Ao mesmo tempo, dentro do espetro de trabalho preferido dos parâmetros relevantes da ferramenta, observou-se que as juntas soldadas estavam livres de defeitos visíveis. As juntas da liga AZ80A Mg soldadas por fricção utilizando parâmetros com valores abaixo e acima do espetro de trabalho apresentaram defeitos.

6.2.3 Matriz relacionada com o desenho matemático

Tendo em conta os cenários acima mencionados, foi selecionada a gama benéfica dos parâmetros relevantes da ferramenta, de modo a que as juntas fabricadas da liga AZ80A Mg estejam isentas de todos os tipos de falhas (Zhang *et al.* 2022). A categoria rotativa baseada no composto principal de 2nd arranjo provou ser uma ferramenta eficaz em RSM (ou seja, metodologia de superfície de resposta) para formular a relação numérica das respostas, realizando um número mínimo de execuções, sem qualquer compromisso na sua precisão (Satheesh *et al.* 2020).

Uma vez que a gama de parâmetros era vasta, foi planeado empregar 5 níveis e 6 factores baseados na matriz central de design composto relevante para otimizar as condições de investigação. O nível selecionado de parâmetros de processo relevantes para a ferramenta FSW, juntamente com os seus símbolos e unidades, estão descritos na Tabela 6.3.

Tabela 6.3 Parâmetros relevantes da ferramenta influentes no processo FSW e seus níveis distintos

S. Não.	Parâmetros relevantes da ferramenta	Unidade	Símbolo	Níveis				
				-2.378	-1	0	+1	+2.378
1	Dureza da ferramenta	CDH	H	48.1079	55	60	65	71.8921
2	Diâmetro do pino da ferramenta	Mm	P	2.31079	3	3.5	4	4.68921
3	Diâmetro do ombro da ferramenta	mm	S	9.9324	12	13.5	15	17.068
4	Força axial	kN	F	2.622	4	5	6	7.378
5	Velocidade de deslocação da ferramenta	mm/seg	T	0.6554	1.0	1.25	1.5	1.8446

6	Velocidade de rotação da ferramenta	Rpm	R	593.238	800	950	1100	1306.76

52 conjuntos de cenários codificados utilizados para formular a matriz relevante para o projeto são descritos na Tabela 6.4. Para processar e registar os dados da investigação de uma forma simplificada, os níveis inferior e superior dos atributos foram codificados como -2,378 e +2,378 subsequentemente. Nesta tabela, os 1st 32 cenários experimentais foram obtidos a partir da matriz relevante do desenho de investigação ½ fatorial (i.e., $3^2 = 25$). As variáveis inteiras no meio (isto é, nível 0) representam os pontos centrais, enquanto a amálgama de todas as variáveis de processo, quer no seu valor mais elevado (+2,378), quer no seu valor mais baixo (-2,378), com os restantes 12 elementos flutuantes dos graus intermédios, designam os pontos relevantes em estrela. Como resultado, estes 52 ensaios de investigação permitem a avaliação dos impactos quadráticos, interactivos de duas vias e lineares das variáveis na resistência à tração das juntas de Mg AZ80A (Farzadi *et al.* 2017).

Mesa 6.4 Resultados da investigação e matriz relevante para a conceção

Exp. Não.	**Parâmetros (valores de entrada codificados)**						**Resposta (resultado)**
	Dureza da ferramenta, H (HRC)	**Diâmetro do pino da ferramenta, P (mm)**	**Diâmetro do ombro da ferramenta, S (mm)**	**Força axial, F (kN)**	**Velocidade de deslocação da ferramenta, T (mm/seg.)**	**Velocidade de rotação da ferramenta, R (rpm)**	**Resistência à tração, UTS (MPa)**
1	55	3	12	4	1	800	171.4
2	65	3	12	4	1	1100	185.9
3	65	3	12	4	1.5	800	189.1
4	55	3	12	4	1.5	1100	184.9
5	65	3	12	6	1	800	198.4
6	55	3	12	6	1	1100	202.6

7	55	3	12	6	1.5	800	198.4
8	65	3	12	6	1.5	1100	209.8
9	65	3	15	4	1	800	191.1

Mesa 6.4 (continuação)

Exp. Não.	Parâmetros (valores de entrada codificados)						Resposta (resultado)
	Dureza da ferramenta, H (HRC)	**Diâmetro do pino da ferramenta, P (mm)**	**Diâmetro do ombro da ferramenta, S (mm)**	**Força axial, F (kN)**	**Velocidade de deslocação da ferramenta, T (mm/seg.)**	**Velocidade de rotação da ferramenta, R (rpm)**	**Resistência à tração, UTS (MPa)**
10	55	3	15	4	1	1100	197.4
11	55	3	15	4	1.5	800	187.0
12	65	3	15	4	1.5	1100	202.6
13	55	3	15	6	1	800	192.2
14	65	3	15	6	1	1100	199.4
15	65	3	15	6	1.5	800	198.4
16	55	3	15	6	1.5	1100	209.8
17	65	4	12	4	1	800	189.1
18	55	4	12	4	1	1100	195.3
19	55	4	12	4	1.5	800	184.9
20	65	4	12	4	1.5	1100	200.5
21	55	4	12	6	1	800	191.1
22	65	4	12	6	1	1100	198.4
23	65	4	12	6	1.5	800	201.5
24	55	4	12	6	1.5	1100	209.8
25	55	4	15	4	1	800	198.4
26	65	4	15	4	1	1100	209.8
27	65	4	15	4	1.5	800	205.7

28	55	4	15	4	1.5	1100	214.0
29	65	4	15	6	1	800	178.7
30	55	4	15	6	1	1100	207.8
31	55	4	15	6	1.5	800	195.3
32	65	4	15	6	1.5	1100	207.8

Mesa 6.4 (continuação)

Exp. Não.	Parâmetros (valores de entrada codificados)						Resposta (resultado)
	Dureza da ferramenta, H (HRC)	**Diâmetro do pino da ferramenta, P (mm)**	**Diâmetro do ombro da ferramenta, S (mm)**	**Força axial, F (kN)**	**Velocidade de deslocação da ferramenta, T (mm/seg.)**	**Velocidade de rotação da ferramenta, R (rpm)**	**Resistência à tração, UTS (MPa)**
33	60	3.5	13.5	5	1.25	593.238	194.3
34	60	3.5	13.5	5	1.25	1306.76	215.0
35	60	3.5	13.5	5	0.6554	950	193.2
36	60	3.5	13.5	5	1.8446	950	203.6
37	60	3.5	13.5	2.622	1.25	950	195.3
38	60	3.5	13.5	7.378	1.25	950	208.8
39	60	3.5	9.9324	5	1.25	950	191.1
40	60	3.5	17.068	5	1.25	950	205.7
41	60	2.31079	13.5	5	1.25	950	195.3
42	60	4.68921	13.5	5	1.25	950	205.7
43	48.1079	3.5	13.5	5	1.25	950	193.2
44	71.8921	3.5	13.5	5	1.25	950	198.4
45	60	3.5	13.5	5	1.25	950	230.6
46	60	3.5	13.5	5	1.25	950	234.8

47	60	3.5	13.5	5	1.25	950	233.7
48	60	3.5	13.5	5	1.25	950	229.6
49	60	3.5	13.5	5	1.25	950	228.5
50	60	3.5	13.5	5	1.25	950	231.6
51	60	3.5	13.5	5	1.25	950	234.8
52	60	3.5	13.5	5	1.25	950	230.6

Como recomendado pela matriz de projeto, um total de 52 juntas foram soldadas por fricção neste trabalho de investigação. As fotografias destas 52 juntas fabricadas com a liga AZ80A Mg foram apresentadas na Figura 6.4.

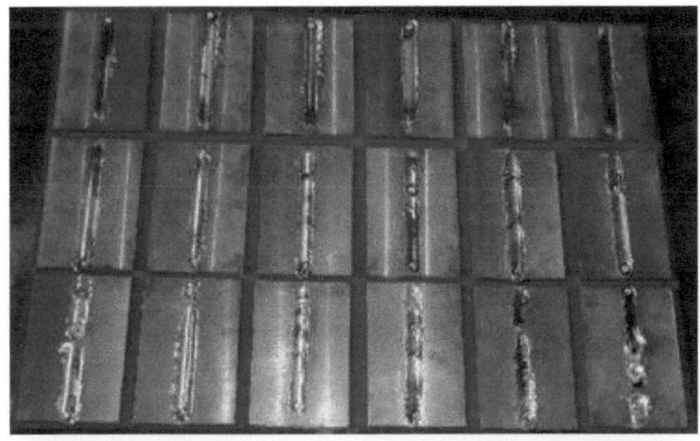

Figura 6.4 Fotografias das juntas da liga AZ80A Mg fabricadas de acordo com as recomendações da matriz de projeto

Os valores codificados para quaisquer níveis intermédios foram apurados utilizando a expressão abaixo mencionada:

$$X_i = 2\,[2X - (X_{min} + X_{max})]/[X_{max} - X_{min}] \qquad (6.1)$$

Na equação acima, X_i é o valor codificado apropriado correspondente ao X instável. X é uma das variáveis dentro de X_{max} a X_{min} . X_{max} e X_{min} são os valores maximizados e minimizados da variável, respetivamente (Pandya & Menghani 2018).

6.3 FORMULAÇÃO E VALIDAÇÃO

6.3.1 Formulação da inter-relação empírica

Caracterizando a resistência à tração das juntas AZ80A soldadas por fricção através do UTS, o resultado foi uma função da dureza da ferramenta (H), do diâmetro do pino da ferramenta utilizada (P), do diâmetro do ombro da ferramenta utilizada (S), da força axial (F), da velocidade de deslocação da ferramenta (T) e da velocidade de rotação da ferramenta (R) e foi expresso como:

UTS = f (dureza da ferramenta, diâmetro do ombro da ferramenta, diâmetro do pino da ferramenta, força axial, velocidade de deslocação da ferramenta, velocidade de rotação da ferramenta)

$$UTS = f(H, S, P, F, T, R) \quad (6.2)$$

A expressão baseada num polinómio de segunda classe (ou seja, regressão) utilizada para ilustrar a superfície do tipo de resposta "Y" foi expressa da seguinte forma [32, 33]:

$$Y = b_0 + \sum b_i x_i + \sum b_{ii} x_i^2 + \sum b_{ij} X_i X_j + e^r \quad (6.3)$$

e para seis factores baseados, o polinómio escolhido (ou seja, a regressão) foi descrito como

$$UTS = b_0 + b_1(H) + b_2(P) + b_3(S) + b_4(F) + b_5(T) + b_6(R) + b_{11}(H^2) + b_{22}(P^2) + b_{33}(S^2) + b_{44}(F^2) + b_{55}(T^2) + b_{66}(R^2) + b_{12}(HP) + b_{13}(HS) + b_{14}(HF) + b_{15}(HT) + b_{16}(HR) + b_{23}(PS) + b_{24}(PF) + b_{25}(PT) + b_{26}(PR) + b_{34}(SF) + b_{35}(ST) + b_{36}(SR) + b_{45}(FT) + b_{46}(FR) + b_{56}(TR)$$

(6.4)

No cenário acima, b_0 é a média da produção (TS) e b_{66} ,....., b_2 , b_1 são os concomitantes que dependem dos seus correspondentes impactos primários e de interação dos atributos das FSW. A estimativa destes concomitantes foi determinada através do emprego das equações seguintes:

$$b_0 = 0.120651 \left(\sum Y\right) - 0.027856 \sum (X_{ijy}) \quad (6.5)$$

$$b_i = 0.021176 \sum (X_{iy}) \quad (6.6)$$

$$b_{ii} = 0.0143536 \sum (X_{ijy}) + 0.001189 \sum (X_{ijy}) - 0.019284 \left(\sum Y\right)$$

(6.7)

$$b_{ij} = 0.03203 \sum (X_{ijy})/n \quad (6.8)$$

onde i_2 varia de 1 a n, em que Xi é a respectiva estimativa codificada para um fator e Y é a respectiva estimativa do resultado da resposta (ou seja, a resistência à tração) obtida a partir das execuções da investigação e n é o número total de sequências tidas em conta (nesta experiência, n = 52). A metodologia ANOVA (ou seja, análise de variância) foi utilizada para determinar a influência dos principais factores e dos factores interactivos (Ahmadi *et al.* 2022). As interações de ordem superior (ou seja, interações baseadas em 3 e 4 factores) revelaram-se experimentalmente negligenciáveis e, por conseguinte, não foram tidas em conta neste trabalho (Zhao *et al.* 2017). A Tabela 6.5 elabora os resultados do teste ANOVA e, a partir destes resultados, é possível visualizar que todos os parâmetros principais (ou seja, H, P, S, F, T, R) e alguns factores interactivos são substanciais.

Tabela 6.5 Resultados do teste ANOVA para a resistência à tração

Origem	Grau de liberdade	Soma de quadrados	Valor de F	Média quadrada	Valor de P	
Modelo	27	11515.92	93.91	426.52	< 0.0001	Importante
R-velocidade rotacional*	1	1063.05	233.98	1063.05	< 0.0001	
Velocidade de deslocação da ferramenta T*	1	316.90	70.07	316.90	< 0.0001	
F-força axial*	1	358.27	79.01	358.27	< 0.0001	
Diâmetro S do ombro da ferramenta*	1	325.46	71.66	325.46	< 0.0001	
Diâmetro do pino P da ferramenta*	1	205.33	45.21	205.33	< 0.0001	
Dureza H da ferramenta*	1	33.91	7.47	33.91	0.0116	

RT	1	1.65	0.3638	1.65	0.5521	
RF	1	9.75	2.15	9.75	0.1560	
RS*	1	46.16	10.16	46.16	0.0040	
RP*	1	32.41	7.13	32.41	0.0134	
RH*	1	51.29	11.29	51.29	0.0026	
TF*	1	32.41	7.13	32.41	0.0134	
TS	1	0.0337	0.0074	0.0337	0.9321	
TP	1	2.73	0.6014	2.73	0.4456	
TH*	1	41.31	9.09	41.31	0.0060	
FS*	1	493.71	108.70	493.71	< 0.0001	
PF*	1	357.75	78.77	357.75	< 0.0001	
FH*	1	94.72	20.86	94.72	0.0001	
SP	1	2.73	0.6014	2.73	0.4456	
SH*	1	56.69	12.48	56.69	0.0017	

Mesa 6.5 (continuação)

Origem	Grau de liberdade	Soma de quadrados	Valor de F	Média quadrada	Valor de P	
PH*	1	41.31	9.09	41.31	0.0060	
R^2*	1	1408.41	310.09	1408.41	< 0.0001	
T^2*	1	2108.73	464.28	2108.73	< 0.0001	
F^2*	1	1683.09	370.56	1683.09	< 0.0001	
S^2*	1	2108.73	464.28	2108.73	< 0.0001	
P^2*	1	1859.64	409.43	1859.64	< 0.0001	

H^2*	1	2442.10	537.67	2442.10	< 0.0001	
Residual	24	109.01		4.54		
Erro puro	7	39.79		5.68		
Cor Total	51	11624.93				
Falta de adequação	17	69.22	0.7163	4.07	0.7299	Sem importância
Desvio (Std.)	2.13118965		R^2		0.99062297	
Média	203.08303030		R^2 ajustado		0.98007382	
CV%	1.04941788		R^2 previsto		0.95426335	
IMPRENSA	531.69		Adeq Precision		37.3165192	
*Fator importante						

Depois de apurados os coeficientes substanciais (a um nível de confiança de 95%), a relação determinante foi formulada considerando apenas esses coeficientes substanciais e é a seguinte

$$(UTS) = \{231.84 + 4.95(R) + 2.70(T) + 2.88(F) + 2.74(S) + 2.18(P) + 0.8848(H) - 4.93(R^2) - 6.03(T^2) - 5.39(F^2) - 6.03(S^2) - 5.66(P^2) - 6.49(H^2) - 0.2272(RT) + 0.5519(RF) + 1.20(RS) + 1.01(RP) - 1.27(RH) + 1.01(TF) - 0.0325(TS) + 0.2922(TP) + 1.14(TH) - 3.93(FS) - 3.34(FP) - 1.72(FH) + 0.2292(SP) - 1.33(SH) - 1.14(PH)\}\ MPa \quad (6.9)$$

A competência do modelo empírico formulado foi validada utilizando a técnica da ANOVA e os resultados do modelo de superfície baseado na resposta de regulação 2nd, adequado à estrutura da ANOVA, foram descritos na Tabela 6.5.

6.3.2 Validação do modelo empírico formulado

O coeficiente baseado no determinante (ou seja, R^2) anuncia a excelência da adequação em relação ao modelo formulado. Além disso, o valor do coeficiente baseado no determinante (ou seja, $R^2 = 0.$ 0.99062297) anuncia que 99,062% da incerteza global foi descrita pelo modelo formulado, tendo em conta os elementos de significância. Ao mesmo tempo, verificou-se que o modelo não estava demasiado ajustado, tal como revelado pela comparação dos valores Adj R^2 e R^2 . Verifica-se que apenas menos de 1% das discrepâncias globais não foram justificadas pelo modelo formulado. O quantum do coeficiente baseado no determinante alterado (ou seja, R ajustado^2 = 0,98007382) também foi maior, o que revela o maior grau de significância do modelo formulado (Mohanty *et al.* 2012).

Da mesma forma, o R^2 previsto (ou seja, 0,95426335) também está em perfeita concordância com o R^2 ajustado e anuncia a eficácia do modelo formulado para demonstrar 95,43% da variabilidade nos dados gerados. Do mesmo modo, pode observar-se que a precisão adequada relacionada é de 37,32, o que anuncia o desempenho do modelo formulado na antecipação dos resultados. Além disso, um valor comparativamente menor do coeficiente relacionado com a variação (ou seja, CV% = 1,04941788) anuncia a intensidade superior da exatidão e um elevado grau de fiabilidade das investigações realizadas (ou seja, valores das execuções experimentais) (Plaine *et al.* 2016).

O termo "PRESS" foi considerado como uma medida de até que ponto o modelo formulado da investigação irá prever com êxito os resultados das novas execuções da investigação. Normalmente, prefere-se o quantum mínimo de PRESS. O quantum relevante de F do modelo formulado (ou seja, 93,91) anuncia a significância do modelo formulado e existe apenas uma oportunidade de 0,01% de que um modelo baseado no quantum relacionado com F, este enorme valor aconteça devido ao ruído. O quantum relevante de $P < 0{,}05$ revela a significância dos termos do modelo formulado. O valor da probabilidade (maior do que F, ou seja, >F), tal como se vê no Quadro 6.5 para o modelo formulado, é inferior a 0,05, revelando a importância do modelo formulado.

Também se pode observar que a falta de adequação não é significativa, o que indica que o modelo formulado se adequa perfeitamente a ensaios de investigação realistas. O quantum mais elevado de p relevante para o teste relevante de falta de adequação anuncia adicionalmente que o modelo formulado se adapta perfeitamente à superfície de resposta para a resistência à tração.

O gráfico baseado na viabilidade normal dos resíduos relevantes para a resistência à tração está ilustrado na Figura 6.5 (a) e, a partir deste gráfico, podemos observar a queda dos resíduos ao longo de uma linha reta. Esta queda dos resíduos ao longo de uma linha reta anuncia a distribuição normal dos erros.

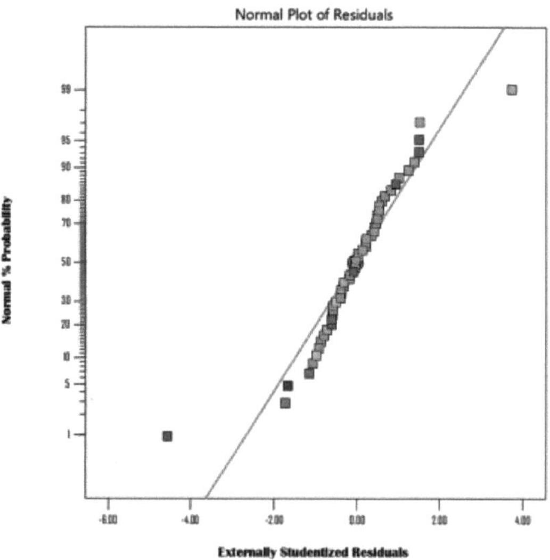

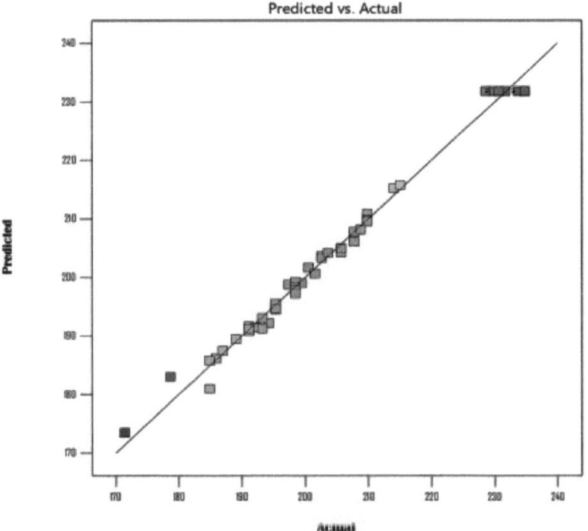

Figura 6.5 Fotografias das juntas AZ80A com vários defeitos de soldadura, fabricadas acima e abaixo do espetro de trabalho dos parâmetros relevantes da ferramenta

Todas as deliberações acima mencionadas anunciam a perfeita competência do modelo baseado em regressão formulado. Cada valor registado foi correlacionado com o valor previsto determinado a partir do modelo formulado e é ilustrado na Figura 6.5 (b). Os gráficos de categoria de contorno desempenham um papel vital na compreensão e análise das superfícies de resposta (Siddaiah *et al.* 2017). Os gráficos de tipo de contorno gerados para a resistência à tração como superfície de resposta são ilustrados na Figura 6.6 (a)-(f).

Por exemplo, a Figura 6.6 (a) ilustra mais ou menos um contorno de tipo circular, o que nos revela a independência do fator. Examinando estes gráficos de contorno, pode ser facilmente apreendido que as modificações na resistência à tração são muito perceptivas às modificações que ocorrem com a velocidade de rotação da ferramenta utilizada, quando comparadas com as modificações que ocorrem com outros parâmetros considerados. Comparando a força axial com o diâmetro do ombro da ferramenta para uma velocidade fixa de rotação da ferramenta de 800 rpm (como ilustrado na Figura 6.6 (c)), pode visualizar-se que a força exercida axialmente é muito sensível às modificações na resistência à tração.

É também evidente, a partir destes gráficos de contorno, que existe um impacto interativo entre os parâmetros FSW utilizados e a resistência à tração das juntas AZ80A fabricadas. Por exemplo, a partir da Figura 6.6 (e), é compreensível que o aumento da velocidade de rotação da ferramenta tenha contribuído para a diminuição da força axial com o aumento do tempo.

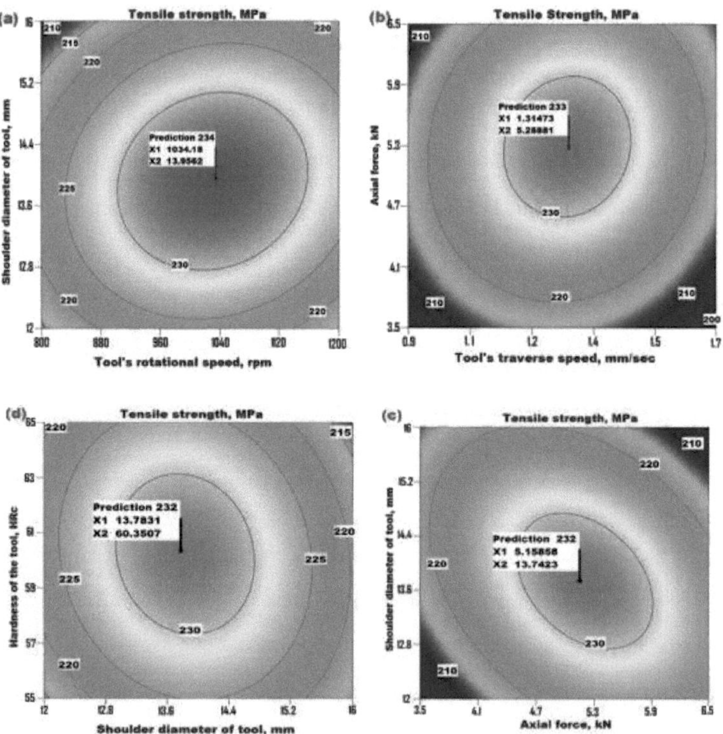

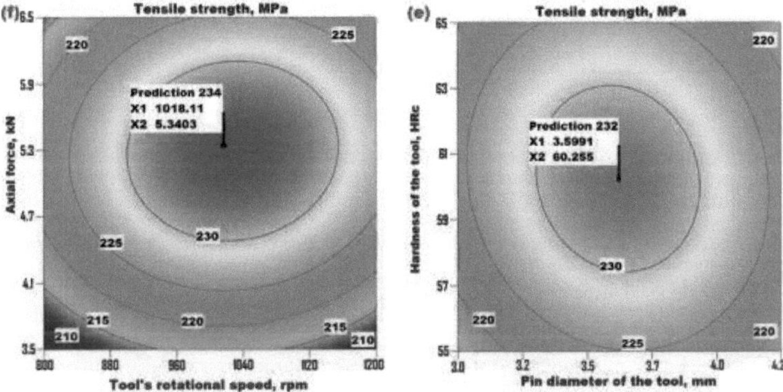

Figura 6.6 (a) - (f) Ilustração dos gráficos de contorno gerados para a superfície de resposta, resistência à tração das juntas AZ80A

Comparando os gráficos de contorno ilustrados na Figura 6.6 (a) - (c), pode compreender se que os impactos interactivos da velocidade de deslocação da ferramenta utilizada e da força axial foram observados como sendo muito importantes quando comparados com os impactos interactivos entre o diâmetro do pino e a força axial exercida, o diâmetro do ombro e a força axial exercida, a força axial exercida e a velocidade de deslocação da ferramenta, o diâmetro do ombro e a velocidade de rotação da ferramenta.

Para além destes gráficos de contorno, foram também apresentados na Figura 6.7 (a) - (f) gráficos 3D do tipo superfície de resposta para o resultado, nomeadamente a resistência à tração das juntas AZ80A, tendo estes gráficos 3D de resposta sido gerados a partir dos modelos empíricos de regressão formulados. Nestes gráficos 3D, o valor mais elevado da resistência à tração das juntas AZ80A é representado pelo vértice da superfície de resposta (Giridharan *et al.* 2022).

6.3.3 Otimização de parâmetros

O valor mais elevado de resistência à tração das juntas AZ80A Mg, determinado a partir destes gráficos de contorno e de superfície de resposta, é de 234,23 MPa, que foi atingido durante o emprego de combinações optimizadas de parâmetros de velocidade de rotação da ferramenta de 1032,88 rpm, sendo a sua velocidade de deslocação de 1,304 mm/seg, sob uma força axial descendente de 5,17 kN, quando a soldadura por fricção foi efectuada com uma ferramenta com uma dureza de cerca de 59,88 HRC (ou seja, aproximadamente 60 HRC), possuindo um diâmetro de ombro de 13,82 mm e um diâmetro de perfil de pino cilíndrico de 3,61 mm.

Estes parâmetros optimizados foram também validados através do emprego de um software matemático, nomeadamente o Minitab, e o gráfico baseado na otimização relevante gerado foi ilustrado na Figura 6.8.

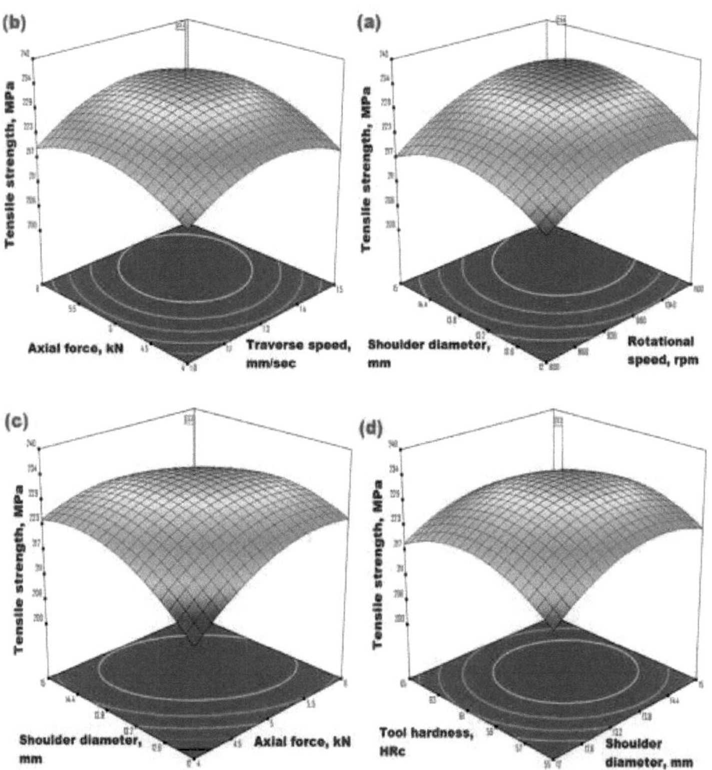

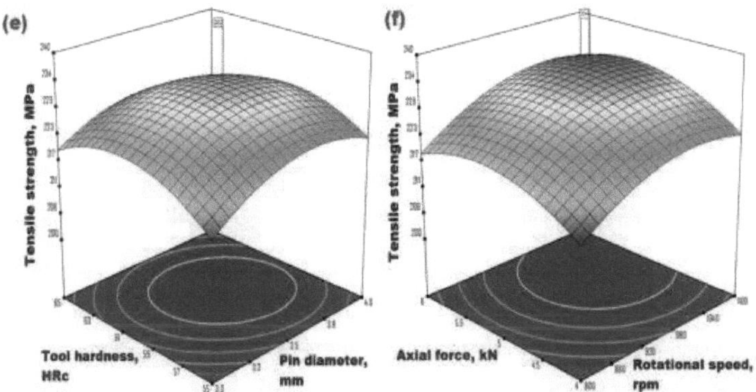

Figura 6.7 (a) - (f) Ilustração dos gráficos de superfície de resposta gerados para a resistência à tração das juntas AZ80A

Foram obtidas 6 juntas AZ80A Mg utilizando os valores optimizados sugeridos para os parâmetros baseados em FSW e a resistência média à tração das juntas fabricadas foi de 234 MPa, o que coincide perfeitamente com os valores previstos.

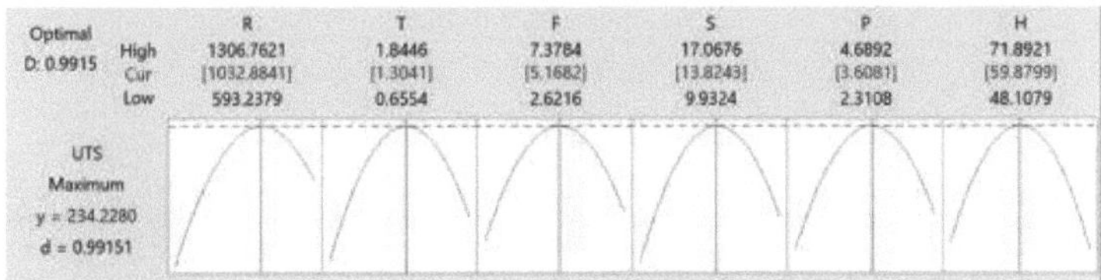

Figura 6.8 Gráfico de otimização ilustrando a obtenção da maior resistência à tração através da utilização de parâmetros de processo optimizados durante a FSW de juntas de Mg AZ80A

6.3.4 Caracterização das juntas

A imagem SEM (ou seja, microscópio eletrónico de varrimento) do metal de investigação, isto é, AZ80A Mg, é apresentada na Figura 6.9 (a). Ao examinar esta imagem, pode observar-se que o metal de investigação herda limites de grão estruturados, erráticos e de grande dimensão, espalhados de forma desordenada por toda a sua superfície. A imagem SEM da zona de pepitas da junta AZ80A Mg sem defeitos, obtida através da utilização de parâmetros optimizados baseados em FSW, é mostrada na Figura 6.9 (b).

A partir desta imagem, pode observar-se que os enormes horizontes de grão, de natureza esporádica e desigualmente espalhados, se reconstruíram em arquitecturas de grão uniformemente espalhadas, de tamanho igual, pequenas e altamente refinadas, devido ao impacto dos parâmetros optimizados. O quantum ideal de calor de fricção produzido devido ao emprego de parâmetros optimizados, combinado com o impacto de agitação perfeito da ferramenta, fragmentou e alongou as estruturas de grãos plasticamente distorcidas em direção ao caminho de rotação da ferramenta e levou ao fabrico de juntas de Mg AZ80A sem falhas (Ovchinnikov & Badall 2018).

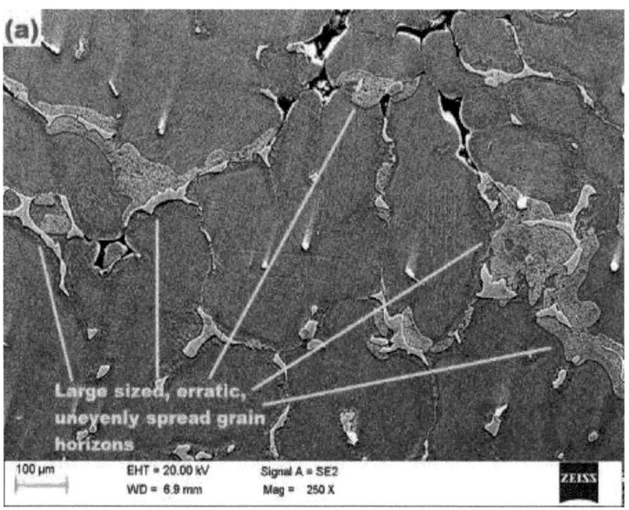

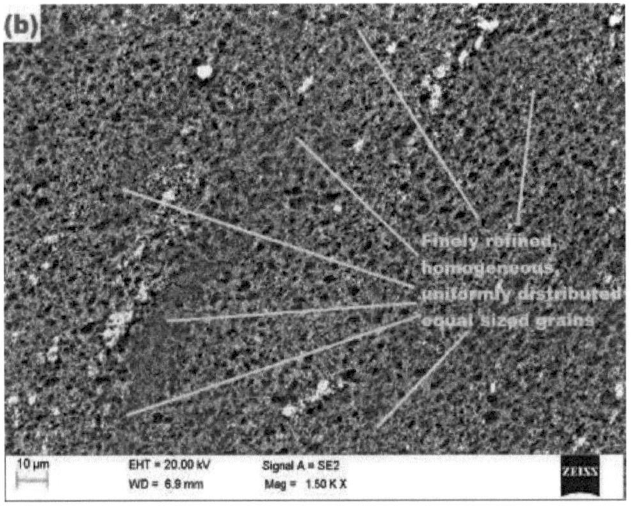

Figura 6.9 Imagens SEM de (a) metal de investigação, i.e., AZ80A Mg e (b) junta AZ80A sem defeitos obtida durante o emprego de parâmetros optimizados do processo FSW

Os provetes de tração foram extraídos tanto do metal de base como das juntas sem defeitos (fabricadas durante o emprego de parâmetros optimizados) e foram submetidos a ensaios de tração. As fotografias do provete de tração extraído das juntas da liga AZ80A Mg fabricadas de acordo com a matriz de projeto são apresentadas na Figura 6.10 (a) e (b).

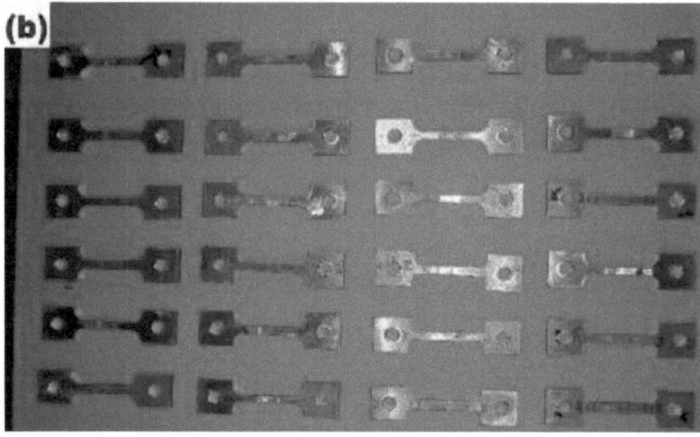

Figura 6.10 **(a) & (b) Fotografias do provete de tração extraído das juntas da liga AZ80A Mg fabricadas de acordo com a matriz de projeto**

As superfícies fracturadas obtidas durante os ensaios de tração foram examinadas através de MEV e as imagens capturadas de MEV das superfícies fracturadas do metal de base e das juntas sem defeitos são mostradas na Figura 6.11 (a) e (b), respetivamente. Examinando as superfícies fracturadas do metal de base, apresentadas na Figura 6.11 (a), é possível visualizar a presença de arquitecturas de grão de grandes dimensões e desigualmente distorcidas na zona de pepitas e a amostra de tração fracturada do metal de base sofreu uma fratura de natureza dúctil.

Ao mesmo tempo, observou-se que a zona do nugget do espécime de tração fraturado da junta sem falhas, ou seja, a Figura 6.11 (b), estava livre de rachaduras, micro-vazios, calhas e cristas, anunciando uma falha de natureza de copo e cone. Conforme registado por vários investigadores (Ryl'kov *et al.* 2019), as juntas de fricção só encontrarão esta categoria de fratura quando ocorrer um fluxo homogéneo de metal deformado plasticamente na parte central do nugget da junta, anunciando assim a obtenção de uma resistência superior à tração das juntas AZ80A Mg sem falhas.

6.3.5 Análise de sensibilidade

A análise de sensibilidade é uma metodologia utilizada para determinar os parâmetros cruciais de um processo e para os ordenar pela sua hierarquia de importância, que é muito importante no que respeita à validação de um modelo empírico formulado, em que foram efectuados esforços para correlacionar os dados medidos com o resultado calculado. Esta categoria de análise foi empregue por alguns investigadores para determinar o parâmetro mais influente, de modo a que um determinado parâmetro possa ser medido com precisão, determinando assim os parâmetros relevantes de entrada e impulsionando a maior influência na resposta do modelo formulado.

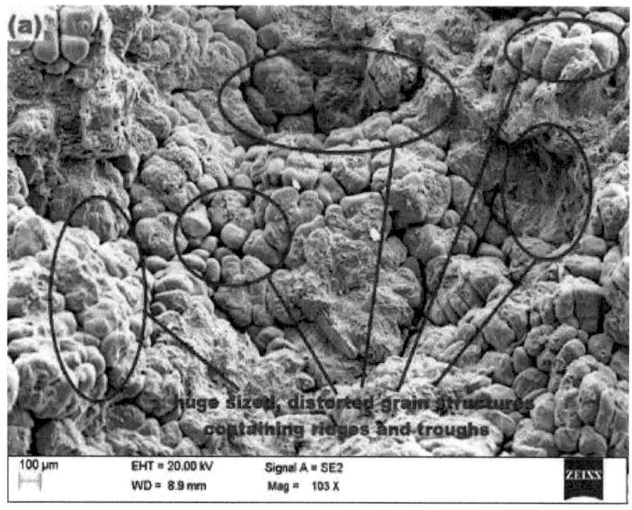

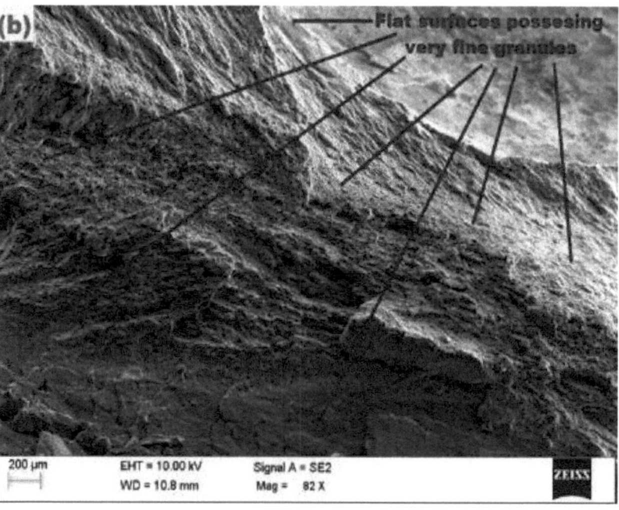

Figura 6.11 Imagens SEM de superfícies fracturadas de (a) metal de investigação, isto é, AZ80A Mg e (b) junta AZ80A sem defeitos obtida durante o emprego de parâmetros optimizados do processo FSW

Assim, pode entender-se que a análise de sensibilidade relevante tem um papel significativo na determinação do parâmetro relevante do processo que tem de ser alterado de forma adequada, para adquirir as caraterísticas baseadas na resposta melhorada. Numericamente, a sensibilidade de uma função relevante para o resultado em relação a uma variável relacionada com o projeto será a fração descendente desse objetivo em relação às suas variáveis (Layus *et al.* 2018).

Esta investigação experimental tem como objetivo prever a propensão da resistência à tração das juntas AZ80A, devido a uma pequena modificação nos parâmetros relevantes do processo FSW e as afirmações numéricas relevantes para a sensibilidade são obtidas através da diferenciação da ligação numérica formulada em relação aos parâmetros de consideração, incluindo a velocidade de rotação da ferramenta, a velocidade transversal da ferramenta, a força exercida axialmente para baixo, o diâmetro do ombro e do pino da ferramenta utilizada e a dureza da ferramenta. As equações (6.10) - (6.15) mostram a sensibilidade da resistência à tração das juntas AZ80A em relação aos parâmetros acima mencionados do processo FSW.

$$\frac{\partial \mathrm{UTS}}{\partial \mathrm{R}} = 4.95 - 0.2272T + 0.5519F + 1.20S + 1.01P - 1.27H - 9.86R \tag{6.10}$$

$$\frac{\partial \mathrm{UTS}}{\partial \mathrm{T}} = 2.70 - 0.2272R + 1.01F - 0.0325S + 0.2922P + 1.14H - 12.06T \tag{6.11}$$

$$\frac{\partial \mathrm{UTS}}{\partial \mathrm{F}} = 2.88 + 0.5519\mathrm{R} + 1.01\mathrm{T} - 3.93\mathrm{S} - 3.34\mathrm{P} - 1.72\mathrm{H} - 10.78\mathrm{F} \tag{6.12}$$

$$\frac{\partial \mathrm{UTS}}{\partial \mathrm{S}} = 2.74 + 1.20\mathrm{R} - 0.0325\mathrm{T} - 3.93\mathrm{F} + 0.20922\mathrm{P} - 1.33\mathrm{H} - 12.06\mathrm{S} \tag{6.13}$$

$$\frac{\partial \mathrm{UTS}}{\partial \mathrm{P}} = 2.18 + 1.01R + 0.2922T - 3.34F + 0.2922S - 1.14H - 11.32P \tag{6.14}$$

$$\frac{\partial UTS}{\partial H} = 0.8848 - 1.27R + 1.14T - 1.72F - 1.33S - 1.14P - 12.98H \tag{6.15}$$

As informações relativas à sensibilidade devem ser elucidadas através da definição numérica das derivadas. Valores positivos de sensibilidade indicam um acréscimo na função do objetivo por uma pequena modificação nos parâmetros relevantes do projeto e, ao mesmo tempo, valores negativos de sensibilidade indicam exatamente o contrário (Chai *et al.* 2020). As sensibilidades dos parâmetros baseados na FSW sobre a resistência à tração das juntas AZ80A mg obtidas são descritas em pormenor no Quadro 6.6.

Mesa 6.6 Sensibilidades dos atributos baseados em FSW na resistência à tração

Dureza da ferramenta, H (HRC)	Diâmetro do pino da ferramenta, P (mm)	Diâmetro do ombro da ferramenta, S (mm)	Força axial, F (kN)	Velocidade de deslocação da ferramenta, T (mm/seg.)	Velocidade de rotação da ferramenta, R (rpm)	Resposta (resultado) Sensibilidade					
						□TS/□H	□TS/□P	□TS/□S	□TS/□F	□TS/□T	□TS/□R
48	2	10	3	0.66	800	40.27	37.35	42.11	46.94	25.88	11.80
55	3	12	4	1	800	18.18	16.39	18.60	21.09	12.58	13.55
60	3.5	13.5	5	1.25	800	2.15	1.17	1.54	2.33	2.93	14.81
65	4	15	6	1.5	800	-13.88	-14.05	-15.52	-16.43	-6.72	16.07
72	5	17	7	1.84	800	-35.96	-35.01	-39.03	-42.28	-20.02	17.82
48	2	10	3	0.66	950	39.00	38.36	43.31	47.49	25.65	1.94
55	3	12	4	1	950	16.91	17.40	19.80	21.64	12.35	3.69
60	3.5	13.5	5	1.25	950	0.88	2.18	2.74	2.88	2.70	4.95
65	4	15	6	1.5	950	-15.15	-13.04	-14.32	-15.88	-6.95	6.21
72	5	17	7	1.84	950	-37.23	-34.00	-37.83	-41.73	-20.25	7.96
48	2	10	3	0.66	1100	37.73	39.37	44.51	48.04	25.42	-7.92
55	3	12	4	1	1100	15.64	18.41	21.00	22.19	12.12	-6.17

Tabela 6.6 (continuação)

Dureza da ferram	Diâmetro do pino	Diâmetro do ombro	Força axi	Velocidade de	Velocidade de	Resposta (resultado) Sensibilidade					
						□TS/	□TS/	□TS	□TS/	□TS/	□TS/

enta, H (HRC)	da ferramenta, P (mm)	da ferramenta, S (mm)	al, F (kN)	deslocação da ferramenta, T (mm/seg.)	rotação da ferramenta, R (rpm)	□H	□P	/□S	□F	□T	□R
60	3.5	13.5	5	1.25	1100	-0.39	3.19	3.94	3.43	2.47	-4.91
65	4	15	6	1.5	1100	-16.42	-12.03	-13.12	-15.33	-7.18	-3.65
72	5	17	7	1.84	1100	-38.50	-32.99	-36.63	-41.18	-20.48	-1.90
48	2	10	3	0.66	593	42.02	35.96	40.46	46.18	26.19	25.39
55	3	12	4	1	593	19.93	14.99	16.95	20.33	12.89	27.13
60	3.5	13.5	5	1.25	593	3.90	-0.22	-0.11	1.57	3.24	28.40
65	4	15	6	1.5	593	-12.13	-15.44	-17.17	-17.19	-6.41	29.66
72	5	17	7	1.84	593	-34.21	-36.40	-40.68	-43.04	-19.71	31.40
48	2	10	3	0.66	1307	35.98	40.76	46.16	48.80	25.11	-21.50
55	3	12	4	1	1307	13.89	19.80	22.65	22.95	11.81	-19.76
60	3.5	13.5	5	1.25	1307	-2.14	4.58	5.59	4.19	2.16	-18.50
65	4	15	6	1.5	1307	-18.17	-10.63	-11.47	-14.57	-7.49	-17.23
72	5	17	7	1.84	1307	-40.25	-31.60	-34.98	-40.42	-20.79	-15.49

A sensibilidade dos parâmetros considerados, nomeadamente, a velocidade de rotação da ferramenta, a velocidade de deslocação da ferramenta, a força exercida axialmente para baixo, o diâmetro do ombro e do pino da ferramenta utilizada e a dureza da ferramenta, individualmente, na resistência à tração das juntas AZ80A, está representada graficamente na Figura 6.12 (a) - (f). Comparando estes gráficos de análise de sensibilidade, pode ser apreendido que, mesmo pequenas modificações no valor da velocidade de deslocação da ferramenta utilizada conduzem a grandes modificações na resistência à tração das juntas AZ80A, especialmente durante o seu escalonamento.

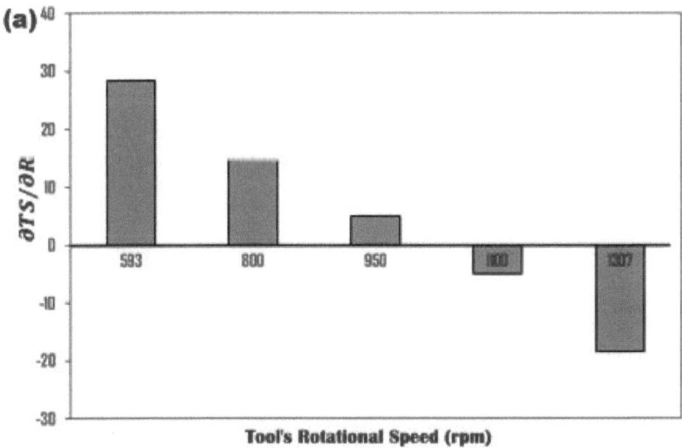

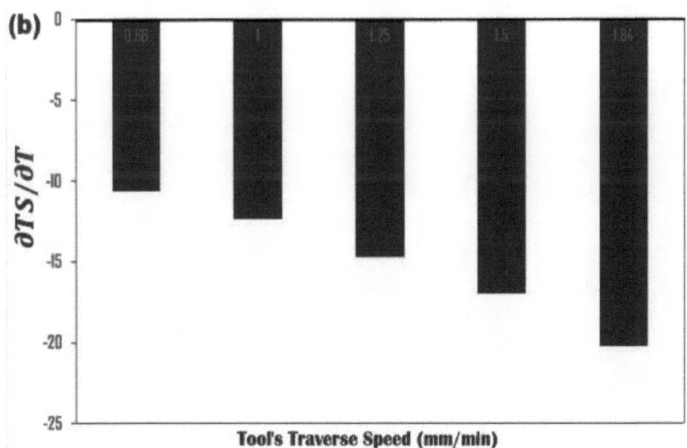

Figura 6.12 (continuação)

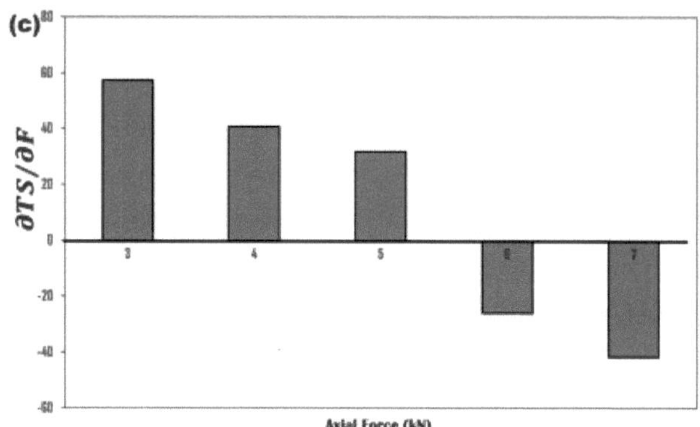

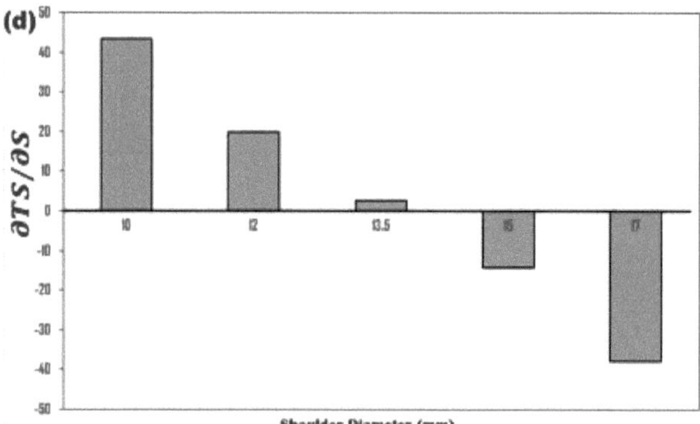

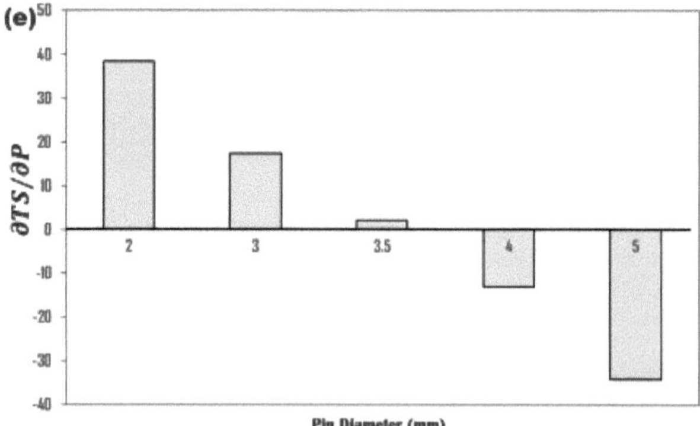

Figura 6.12 (continuação)

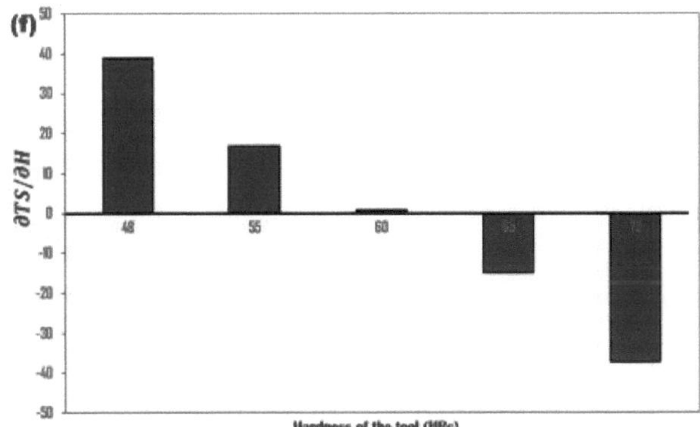

Figura 6.12 Ilustração gráfica da análise de sensibilidade (a) velocidade de rotação (b) velocidade de deslocação (c) força exercida axialmente (d) diâmetro do ombro (e) diâmetro do pino da ferramenta e (f) dureza da ferramenta na resistência à tração da junta AZ80A

Pode compreender-se que a resistência à tração das juntas AZ80A é altamente sensível à velocidade de deslocação da ferramenta utilizada, em comparação com outros parâmetros baseados em FSW tidos em consideração (Chaki 2019).

6.4 CONCLUSÃO

Neste trabalho experimental, foi feito um esforço para construir relações empíricas entre os parâmetros do processo FSW e a resistência à tração das juntas AZ80A, com base nos dados de investigação gerados pela análise fatorial baseada em 6 parâmetros - 5 níveis. As conclusões significativas abaixo mencionadas foram encontradas:

- O valor do coeficiente determinante anunciou que 99,062% da variabilidade global foi demonstrada pelo modelo formulado e o modelo não foi considerado demasiado ajustado, como revelado pela comparação dos valores R^2 e R^2 ajustados. Verificou-se que apenas menos de 1% das discrepâncias globais não foram justificadas pelo modelo formulado.

- O valor mais elevado de P para o teste relevante de falta de adequação anunciou que o modelo formulado se ajusta perfeitamente à superfície relacionada com a resposta para a resistência à tração.

- A resistência à tração mais elevada de 234,23 MPa foi exibida pela junta AZ80A Mg fabricada durante o emprego de combinações de parâmetros optimizados de velocidade de rotação da ferramenta de 1032,88 rpm, sendo a sua velocidade transversal de 1,304 mm/seg, sob uma força axial exercida para baixo de 5,17 kN, quando soldada por fricção utilizando uma ferramenta com uma dureza de cerca de 59,88 HRC, possuindo um diâmetro de ombro de 13,82 mm e um diâmetro de perfil de pino cilíndrico de 3,61 mm

- Observou-se que a zona do nugget do provete de tração fracturado da junta sem defeitos estava isenta de fissuras, micro-vazios, depressões e cristas, anunciando uma falha de natureza taça e cone, confirmando que o fluxo homogéneo de metal deformado plasticamente ocorreu na parte central do nugget da junta, contribuindo para a obtenção de uma resistência superior à tração das juntas AZ80A Mg sem defeitos

- A análise de sensibilidade revelou que mesmo pequenas modificações no valor da velocidade de deslocação da ferramenta utilizada contribuíram para grandes modificações na resistência à tração das juntas de Mg AZ80A, especialmente durante o seu escalonamento

- A resistência à tração das juntas de Mg AZ80A foi altamente sensível à velocidade de deslocação da ferramenta utilizada, sendo comparada com outros parâmetros baseados na FSW tidos em consideração

CHAPTER 7

OTIMIZAÇÃO MULTIOBJECTIVO DE PARÂMETROS DURANTE A FSW DAS LIGAS DE MG AZ80A - AZ31B UTILIZANDO A ANÁLISE RELACIONAL DE GREY

7.1 INTRODUÇÃO

As ligas de magnésio (Mg) possuem um potencial exemplar para substituir as peças e componentes à base de cobre, alumínio e aço nos sectores automóvel e aeroespacial devido à sua densidade reduzida em combinação com uma resistência superior, um grau excecional de capacidade de fundição, uma maior condutividade térmica, uma magnífica propriedade de blindagem baseada na interferência electromagnética e uma capacidade de amortecimento distinta (Shao *et al.* 2020). A tecnologia de soldadura utilizada para unir ligas de Mg desempenha um papel vital no alargamento da área de aplicação de peças estruturais à base de ligas de Mg nos sectores automóvel e aeroespacial (Mukhina 2014). Nos últimos anos, a soldadura com gás inerte de tungsténio (TIG), a soldadura com feixe de electrões e a soldadura com feixe de laser são amplamente utilizadas na união de vários componentes e peças automóveis à base de Mg, incluindo painéis da carroçaria, acessórios do motor, etc. (Yamagishi *et al.* 2015).

No entanto, o emprego destas técnicas de soldadura não pode gerar juntas de liga de Mg de qualidade superior, estando totalmente livres de falhas (Trykov *et al.* 2012). Por exemplo, o emprego da técnica de soldadura TIG para unir ligas distintas de Mg resultou na formação de poros e estruturas de grão grosseiro na zona de soldadura, degradando assim a qualidade da soldadura e a sua integridade, uma vez que estas estruturas de grão grosseiro são os locais para o movimento baseado em deslocação e propagação de fissuras de uma forma mais fácil (Shen & Xu 2012) .

Uma vez que as ligas de Mg têm tendências oxidantes severas e uma reduzida capacidade de absorção dos feixes de laser, verificou-se que as juntas de liga de Mg soldadas por feixe de laser são propensas a um banho de solda não estabilizado e à perda de constituintes de liga, nomeadamente Al e Zr, devido à vaporização durante o processo (Jiang *et al.* 2023). As juntas de liga de Mg soldadas por feixe de laser também demonstraram possuir cortes inferiores e formações de óxido poroso, que reduziram as suas propriedades mecânicas (Xu *et al.* 2022).

Por outro lado, o emprego da técnica de soldadura por feixe de electrões para unir ligas distintas de Mg requer um ambiente de alto vácuo e uma proteção de raios X (Yang & Zhang 2011). Além disso, verificou-se que a zona de fusão das juntas de ligas de Mg soldadas por feixe de electrões possui propriedades mecânicas reduzidas (i.e., resistência e dureza) quando comparada com a do seu metal de base e com as zonas de impacto térmico. Isto deveu-se principalmente às estruturas de grão grosseiro e à porosidade geradas, devido à solidificação da zona de fusão durante o processo (Windmann *et al.* 2016). Assim, prevalece a necessidade de identificar uma técnica de soldadura adequada para unir ligas distintas de Mg sem qualquer compromisso na qualidade e resistência da soldadura.

A soldadura por fricção (FSW), um processo de soldadura de estado sólido sem fusão, emprega uma ferramenta rotativa de tipo não consumível, juntamente com um perfil de pino único, que se estende para além da linha de junta a partir do seu ombro de ferramenta para soldar os metais (Bagheri *et al.* 2021). A junta é obtida devido à rotação subseqüente e ao movimento frontal do pino da ferramenta ao longo da linha de junta, gerando calor baseado em fricção, plastificando assim os metais em ambos os lados da linha de junta, abaixo do seu ponto de fusão (Wen *et al.* 2020).

Como a junção das ligas metálicas é alcançada antes do seu ponto de fusão e o processo FSW diminui o volume de tensões térmicas induzidas nas ligas metálicas, as juntas fabricadas pelo processo FSW foram consideradas livres de várias falhas, incluindo fraturas a quente, encolhimento, porosidade, poros excessivos, cortes inferiores, afundamento da piscina de solda, etc., tornando-o um processo de soldagem mais adequado para unir ligas distintas de Mg (Du *et al.* 2019).

Ao mesmo tempo, a obtenção de juntas de qualidade superior, sem defeitos, utilizando a técnica FSW depende muito da identificação da combinação adequada dos seus parâmetros (Fujii *et al.* 2008). A seleção inadequada dos parâmetros do processo FSW conduziu à geração de juntas de qualidade inferior, com vários defeitos, incluindo flash excessivo na linha de junta, porosidade, furos de pinos, vazios, etc. (Sasikala *et al.* 2022).

Tradicionalmente, a combinação ideal dos parâmetros do processo FSW, ou seja, a otimização dos parâmetros do processo FSW era realizada por meio de métodos de tentativa e erro, que consumiam muito tempo e as juntas soldadas tinham de ser verificadas frequentemente para verificar se cumpriam ou não os requisitos (Assidi & Fourment 2009). Ao mesmo tempo, as técnicas estatísticas e numéricas de otimização recentemente desenvolvidas revelaram-se muito eficazes e consomem um tempo mínimo (Fourment & Guerdoux 2008).

A maioria das técnicas de otimização estatística e numérica utiliza vários aspectos devido aos objectivos correlacionados, à melhoria dos atributos de qualidade, etc., (Elmetwally *et al.* 2020). Estes objectivos relacionados são optimizados de forma síncrona através do emprego de um modelo numérico de ordem 2nd da área limite óptima. Os atributos de qualidade de ponderação foram definidos com base no seu significado idiossincrático e julgamentos relacionados com a melhoria dos factores do processo (Shindo *et al.* 2002).

Foram registados vários trabalhos experimentais relativos ao emprego de técnicas estatísticas e numéricas durante a FSW de ligas distintas de alumínio (Al) (Jambhale *et al.* 2022). No entanto, os trabalhos experimentais apresentados para otimizar os parâmetros do processo durante a FSW de ligas de Mg são escassos e prevalece uma necessidade inevitável de antecipar a combinação ideal de parâmetros do processo durante a FSW de ligas distintas de Mg e de desenvolver um modelo numérico bem estabelecido baseado na otimização multi-objetivo que aborde variáveis de resposta com objectivos diversificados (Kesharwani *et al.* 2022).

Vários trabalhos experimentais utilizaram ferramentas matemáticas distintas para otimizar os parâmetros durante o FSW de ligas de Al (Kalita *et al.* 2023) e a maior parte deles eram estratégias de otimização baseadas numa única resposta. Nesta era moderna de fabrico rápido e redução de custos juntamente com a utilização maximizada, os processos complexos possuem vários atributos baseados na qualidade e tais cenários, normalmente exigem o emprego de estratégias de otimização de resposta múltipla (Senapati & Bhoi 2020).

Assim, neste trabalho experimental, foi utilizada a Análise Relacional Cinzenta (ou seja, GRA). Nesta investigação experimental, tentou-se formular um modelo numérico multi-objetivo baseado em Central Composite Design (CCD), utilizando a técnica de análise relacional cinzenta, para otimizar os parâmetros dependentes da ferramenta (nomeadamente a velocidade de deslocação da ferramenta, a sua velocidade de rotação e a geometria do pino) durante a FSW de ligas distintas de Mg, nomeadamente AZ80A e AZ31B Mg, sendo as respostas a resistência à tração e a percentagem de alongamento das juntas.

7.2 METAL PARENTE

O AZ31B, uma liga forjada de Mg que possui uma resistência e ductilidade superiores à temperatura ambiente, em combinação com resistência à corrosão e soldabilidade, foi considerado como um dos metais de base neste trabalho. Outro metal de base deste trabalho é o AZ80A, uma liga forjada de Mg, leve e tratada termicamente, que possui uma excelente resistência à fluência e uma resistência à fadiga exemplar. Durante este trabalho, ambas as ligas foram tomadas sob a forma de placas de forma retangular com 100 mm de comprimento, 6 mm de espessura e 50 mm de largura e foram soldadas por fricção utilizando uma máquina FSW semi-automática com um motor de eixo de 6 kW.

A Tabela 7.1 descreve os vários constituintes metálicos destas ligas de Mg. A resistência à tração registada nas juntas das ligas de Mg AZ80A e AZ31B foi de 290 MPa e 260 MPa, respetivamente. Da mesma forma, a percentagem de alongamento destas juntas de liga de Mg AZ80A e AZ31B foi registada como sendo de 9% e 15%, respetivamente.

Tabela 7.1 Vários constituintes químicos dos materiais de investigação em wt%

Metal de base	Zn	Cu	Fe	Al	Ni	Si	Mn	Mg
AZ80A Mg	0.73	≤0.052	≤0.0051	8.14	≤0.005	≤0.10	≥0.13	Equilíbrio
AZ31B Mg	1.38	0.053	0.0049	3.06	0.0049	0.13	0.22	Equilíbrio

Durante o processo FSW, as placas rectangulares de ligas distintas de Mg, nomeadamente AZ80A e AZ31B, foram mantidas firmemente juntas por meio de grampos metálicos de conceção e fabrico exclusivos, sendo colocadas num conjunto especial de fixação e gabarito e as fotografias que ilustram este conjunto de gabarito, várias etapas do FSW das ligas de Mg AZ80A-AZ31B são retratadas na Figura 7.1 (a) - (f).

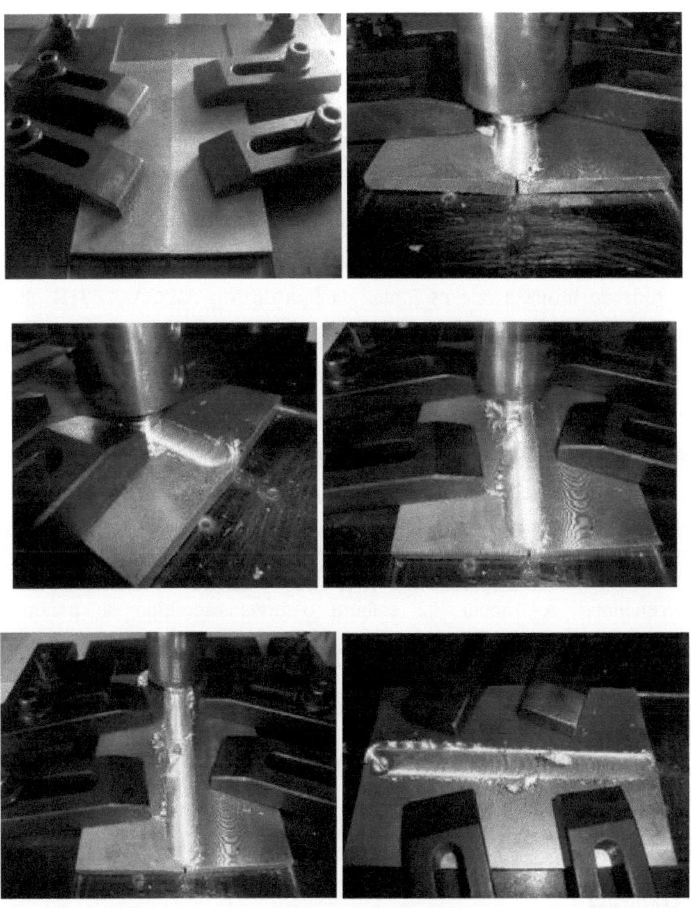

Figura 7.1 Fotografia da (a) máquina FSW, (b) conjunto de fixação juntamente com os grampos e (c) ferramenta utilizada neste trabalho experimental

7.3 FORMULAÇÃO DO MODELO NUMÉRICO

7.3.1 Matriz do modelo numérico

Neste trabalho, os parâmetros baseados na ferramenta do processo FSW, nomeadamente, a velocidade de deslocação da ferramenta, a sua velocidade de rotação e a geometria do pino da ferramenta, foram tidos em consideração e a gama favorável destes parâmetros baseados na ferramenta foi escolhida de forma a que as juntas da liga de Mg AZ80A-AZ31B obtidas estivessem isentas de todas as categorias de falhas. 2nd ordem A matriz de categoria de design composto central foi considerada eficiente durante a metodologia de superfície de resposta (ou seja, RSM) para formular a relação estatística entre as respostas, realizando um número mínimo de experimentos, sem comprometer seu grau de precisão (Muthumanickam *et al.* 2019). Como foi considerado um total de 3 parâmetros baseados na ferramenta, foi utilizada uma matriz do tipo CCD baseada em 3 níveis e 3 factores para otimizar os cenários experimentais. A Tabela 7.2 elabora o nível escolhido de parâmetros importantes baseados na ferramenta do processo FSW, juntamente com as respectivas unidades e símbolos.

Tabela 7.2 Níveis dos parâmetros baseados na ferramenta do processo FSW

Parâmetro baseado na ferramenta	Unidade	Símbolo	Nível		
			-1 (Baixo)	0 (Médio)	+1 (Alto)
Velocidade de rotação	rpm	R	800	950	1100
Velocidade de deslocação	mm/seg	T	1.0	1.25	1.5
Geometria do pino	-	P	Cilíndrico reto	Cónico Cilíndrico	Quadrado reto

Os níveis atribuídos a cada um dos parâmetros do processo FSW foram selecionados de forma a cumprirem o objetivo de fabricar juntas de liga de Mg AZ80A - AZ31B soldadas por fricção totalmente isentas de defeitos (Senthil *et al.* 2020). A matriz de projeto que descreve os 20 cenários codificados e não codificados em relação à matriz de experimentação do projeto central composto formulado (i.e., CCD) é mencionada na Tabela 7.3.

Tabela 7.3 Matriz de conceção baseada na CCD, juntamente com os valores calculados dos resultados

Corridas	Parâmetros de entrada codificados			Parâmetros de entrada não codificados			Resistência à tração, MPa	Alongamento %
	F	L	S	F	L	S		
1	0	0	-1	950	1.25	Cilíndrico reto	218.75	11.1
2	+1	+1	-1	1100	1.5	Cilíndrico reto	236.43	9.89
3	+1	+1	1	1100	1.5	Quadrado reto	210.75	11.9
4	0	0	0	950	1.25	Cónico Cilíndrico	247.89	7.66
5	0	0	0	950	1.25	Cónico Cilíndrico	247.9	8.23
6	0	+1	0	950	1.5	Cónico Cilíndrico	250.29	6.75
7	+1	-1	-1	1100	1	Cilíndrico reto	223.39	10.51
8	-1	+1	-1	800	1.5	Cilíndrico reto	199.9	12.2
9	0	0	0	950	1.25	Cónico Cilíndrico	247.89	7.7
10	+1	-1	1	1100	1	Quadrado reto	201.76	12.6
11	-1	+1	1	800	1.5	Quadrado reto	182.28	13.1
12	-1	-1	1	800	1	Quadrado reto	173.52	13.2
13	0	0	0	950	1.25	Cónico Cilíndrico	247.88	7.6
14	-1	-1	-1	800	1	Cilíndrico reto	188.37	12.7
15	0	-1	0	950	1	Cónico Cilíndrico	242.15	8.78
16	+1	0	0	1100	1.25	Cónico Cilíndrico	255.81	7.1
17	0	0	1	950	1.25	Quadrado reto	198.72	12.9
18	0	0	0	950	1.25	Cónico Cilíndrico	247.91	7.79

19	0	0	0	950	1.25	Cónico Cilíndrico	247.88	7.71
20	-1	0	0	800	1.25	Cónico Cilíndrico	227.72	10.26

A FSW realista de ligas de Mg distintas, nomeadamente AZ80A - AZ31B, foi realizada numa ordem aleatória, com o objetivo de minimizar os ruídos que ocorrem devido a variáveis incontroláveis, incluindo a temperatura ambiente, o aquecimento da máquina e a humidade (Zhang *et al.* 2022).

7.3.2 GRA

A investigação baseada na GRA (ou seja, análise relacional cinzenta) é uma das estratégias únicas da metodologia de otimização avançada e é um dos modelos teóricos baseados em sistemas cinzentos mais utilizados (Sefene & Tsegaw 2022). Este sistema cinzento funciona de forma semelhante ao conceito de caixa negra, em que os factores desconhecidos e conhecidos são tomados em consideração em conjunto para obter respostas optimizadas (Boukraa *et al.* 2023). O GRA geralmente emprega a normalização de dados para determinar os GRCs (ou seja, coeficientes relacionais cinzentos) e GRGs (ou seja, graus relacionais cinzentos). Em seguida, determina a sequência otimizada e a ANOVA (ou seja, análise de variância) foi empregada para prever os GRGs otimizados (Dinesh Kumar *et al.* 2019), conforme ilustrado na Figura 7.2.

7.3.3 Formulação de metamodelos de parâmetros

A resistência à tração e a percentagem de alongamento das juntas soldadas por fricção da liga AZ80A-AZ31BMg são os resultados deste trabalho. Estes dois atributos caraterísticos das juntas são da categoria "quanto maior, melhor" e os seus valores mais elevados são determinados simultaneamente. Como a gama de todos os factores de saída e de entrada e as unidades correspondentes são bastante distintas, prevalece uma necessidade inevitável de normalizar os dados (Kasman 2013).
O pré-processamento dos dados converte a sequência real numa sequência

proporcional. Assim, a relação cinzenta foi concebida através da normalização de todas as respostas entre 1 e 0.

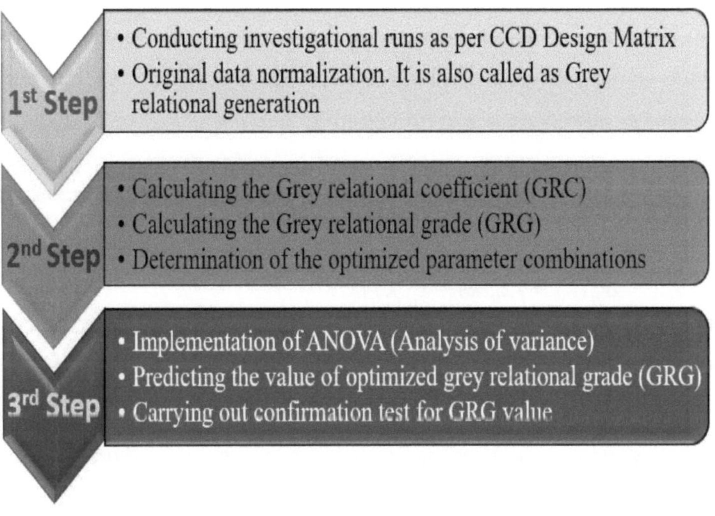

Figura 7.2 Fluxograma ilustrativo das várias etapas da GRA empregue neste trabalho

Este resultado foi obtido para os dois atributos de qualidade propostos, nominalmente o melhor, superiormente o melhor e inferiormente o melhor. Neste trabalho, dos dois atributos de qualidade escolhidos, a resistência à tração das juntas fabricadas é da categoria "maior quanto melhor" e a percentagem de alongamento é da categoria "menor quanto melhor". A geração de relações cinzentas para estes dois resultados, nomeadamente a resistência à tração e a tensão de cedência, é determinada pelas equações (7.1) e (7.2), respetivamente, e é a seguinte

$$x_i^*(k) = \frac{x_i^0(k) - \min x_i^0(k)}{\max x_i^0(k) - \min x_i^0(k)} \tag{7.1}$$

$$x_i^*(k) = \frac{\max x_i^0(k) - x_i^0(k)}{\max x_i^0(k) - \min x_i^0(k)} \quad (7.2)$$

em que x_i^0 (k) é a sequência ou a série de referência; min x_i^0 (k) e max x_i^0 (k) são os valores mínimo e máximo da sequência, respetivamente. xi*(k) é a série obtida após o tratamento dos dados. i = 1, 2, 3,...., m; k = 1, 2, 3, ..., n; m é o número de investigações e n é o número de dados de investigação. Agora, os GRC foram determinados com a ajuda dos cálculos baseados no desvio correspondente, tal como mencionado nas Equações (7.3) e (7.4):

$$\Delta_{oi}(k) = |\, x_0^*(k) - x_i^*(k) \,| \quad (7.3)$$

$$\zeta_i(k) = \frac{\Delta_{min} + \zeta.\Delta_{max}}{\Delta_{oi}(k) + \zeta.\Delta_{max}} \quad (7.4)$$

em que Δ_{oi} (k) é a série de desvios da sequência de referência x_0^* (k) e a série de compatibilidade x_i^0 (k); ζ_i é o coeficiente de identidade, que foi geralmente assumido como 0,5, quando os parâmetros considerados foram fornecidos com ponderação uniforme. O GRC para cada experiência de cada matriz foi determinado por meio da Equação (7.4).

A Tabela 7.3 descreve em pormenor os valores de normalização e a sequência de desvio para as respostas. A pontuação individual para cada resultado foi calculada utilizando o GRC e a sequência de desvios para as respostas, nomeadamente a resistência à tração e a percentagem de alongamento da liga de Mg AZ80A-AZ31B soldada por fricção, está descrita na Tabela 7.3.

Tabela 7.4 Valores normalizados e sequência de desvios

S.N.	Valores normalizados		Sequência do desvio	
	Resistência à tração, MPa	Alongamento %	Resistência à tração, MPa	Alongamento %

1	0.5496	0.3256	0.4504	0.6744
2	0.7645	0.5132	0.2355	0.4868
3	0.4524	0.2016	0.5476	0.7984
4	0.9038	0.8589	0.0962	0.1411
5	0.9039	0.7705	0.0961	0.2295
6	0.9329	1.0000	0.0671	0
7	0.6060	0.4171	0.394	0.5829
8	0.3206	0.1550	0.6794	0.845
9	0.9038	0.8527	0.0962	0.1473
10	0.3432	0.0930	0.6568	0.907
11	0.1065	0.0155	0.8935	0.9845
12	0.0000	0.0000	1	1
13	0.9036	0.8682	0.0964	0.1318
14	0.1805	0.0775	0.8195	0.9225
15	0.8340	0.6853	0.166	0.3147
16	1.0000	0.9457	0	0.0543
17	0.3062	0.0465	0.6938	0.9535
18	0.9040	0.8388	0.096	0.1612
19	0.9036	0.8512	0.0964	0.1488
20	0.6586	0.4558	0.3414	0.5442

7.3.4 Determinação da GRG

A última etapa é a determinação do GRG (grau relacional cinzento), que foi efectuada para determinar a força da relação entre as séries de compatibilidade e as séries de referência. O seu valor situa-se entre 1 e 0. Um valor mais elevado de GRG revela uma relação apreciável e foi considerado como um cenário ideal (Kumar & Kumar 2015). O GRG é a soma média dos GRC. Foi determinado pela equação abaixo mencionada:

$$\gamma_i = \frac{1}{n}\sum_{k=1}^{n} \zeta_i(k) \qquad (7.5)$$

em que γ_i é o GRG da i-ésima experiência e n é o número de atributos de desempenho. Um valor mais elevado de GRG representa que os resultados da investigação associados estão mais próximos do valor normalizado ou ideal. Para cenários experimentais realistas, o valor da ponderação foi variado de acordo com a qualidade dos resultados tidos em consideração e a Equação (7.4) foi alterada de forma adequada, como se indica a seguir:

$$\gamma_i = \frac{1}{n}\sum_{k=1}^{n} \omega_k \zeta_i (k) \tag{7.6}$$

onde ω_k é o fator de ponderação de k. Nesta investigação experimental, foi atribuído um valor de ponderação igual a ω_k . O GRG descreve o grau de associação entre a sequência de referência e a sequência de computabilidade. Um GRG maior indica que a combinação relevante de parâmetros está mais próxima do ideal. Os parâmetros importantes do processo utilizado podem ser determinados utilizando valores médios de GRG (Koilraj *et al.* 2002).

As pontuações baseadas no GRG foram classificadas para todas as experiências de juntas soldadas por fricção e estas pontuações estão listadas na Tabela 7.5. Foi dada preferência a um GRG mais elevado, independentemente da minimização e da maximização. Nesta investigação, um GRG mais elevado representa valores optimizados maiores para a resposta, nomeadamente, resistência à tração e valores optimizados mais baixos para a resposta, nomeadamente, percentagem de alongamento das placas de liga de Mg AZ80A-AZ31B soldadas por fricção.

Consequentemente, o ensaio experimental n.º 16, com uma pontuação GRG mais elevada de 0,9510, como se pode ver na Tabela 7.5, foi classificado em 1.º lugar e pode entender-se que os níveis dos parâmetros associados ao 16. Este ensaio experimental n.º 16 apresentou um valor de resultado de
255,81 MPa de resistência à tração e a correspondente percentagem de alongamento de 7,1%, respetivamente.

Tabela 7.5 Valores baseados no GRG e no GRC com classificação para cada ensaio de investigação

Corrida de investigação	GRC (Coeficiente de relação cinzenta)		GRG (Grau relacional cinzento)	Classificação
	Resistência à tração, MPa	Alongamento %		
1	0.5261	0.4257	0.4759	13
2	0.6798	0.5067	0.5932	10
3	0.4773	0.3851	0.4312	14
4	0.8386	0.7799	0.8093	4
5	0.8388	0.6854	0.7621	8
6	0.8817	1.0000	0.9409	2
7	0.5593	0.4617	0.5105	12
8	0.4239	0.3718	0.3978	15
9	0.8386	0.7725	0.8055	5
10	0.4322	0.3554	0.3938	16
11	0.3588	0.3368	0.3478	19
12	0.3333	0.3333	0.3333	20
13	0.8384	0.7914	0.8149	3
14	0.3789	0.3515	0.3652	18
15	0.7508	0.6137	0.6822	9
16	1.0000	0.9021	0.9510	1
17	0.4188	0.3440	0.3814	17
18	0.8389	0.7562	0.7975	7
19	0.8384	0.7706	0.8045	6
20	0.5943	0.4788	0.5366	11

7.4 VALIDAÇÃO, DISCUSSÕES E INFERÊNCIAS

7.4.1 Impactos interactivos na resistência à tração

Os impactos interactivos das combinações dos parâmetros utilizados na resistência à tração das placas de liga de Mg AZ80A-AZ31B soldadas por fricção podem ser compreendidos a partir da resposta tridimensional e dos gráficos de contorno bidimensionais ilustrados na Figura 7.3 (a) - (f). Os vértices das superfícies de resposta ilustram os valores mais elevados da resistência à tração das juntas fabricadas.

Examinando o gráfico de superfície de resposta tridimensional ilustrado na Figura 7.3 (a), pode-se compreender que a resistência à tração das placas de liga de Mg AZ80A-AZ31B soldadas por fricção aumenta com o aumento da velocidade de rotação da ferramenta e atinge o seu valor mais elevado durante o emprego de 1100 rpm. Ao mesmo tempo, a resistência à tração aumenta com o emprego da ferramenta perfilada de pino quadrado reto e atinge o seu valor mais elevado durante o emprego da ferramenta perfilada de pino cilíndrico cónico. Depois, a resistência à tração diminui durante o emprego da ferramenta perfilada de pino quadrado reto.

Além disso, a Figura 7.3 (b) retrata um contorno de forma semi-circular, o que nos revela a independência dos impactos dos parâmetros do processo FSW, ou seja, o perfil do pino da ferramenta e a sua velocidade de rotação. O impacto interativo entre a velocidade de rotação da ferramenta e a velocidade transversal tem desempenhado um papel apreciável na determinação da resistência à tração das juntas de liga de Mg (Emami & Saeid 2015) e isto pode ser entendido observando a resposta e os gráficos de contorno ilustrados na Figura 7.3 (c) & (d).

Como se pode ver na Figura 7.3 (d), o valor mais elevado de resistência à tração de cerca de 250-260 MPa foi atingido com a combinação de parâmetros de processo de 1040-1100 rpm e 1,4-1,5 mm/seg. Do mesmo modo, o impacto interativo entre a velocidade de deslocação da ferramenta e o perfil do pino da ferramenta também desempenhou um papel razoável na obtenção de juntas de liga de Mg com valores de resistência à tração de cerca de 250 MPa, como se observa na Figura 7.3 (e) e (f).

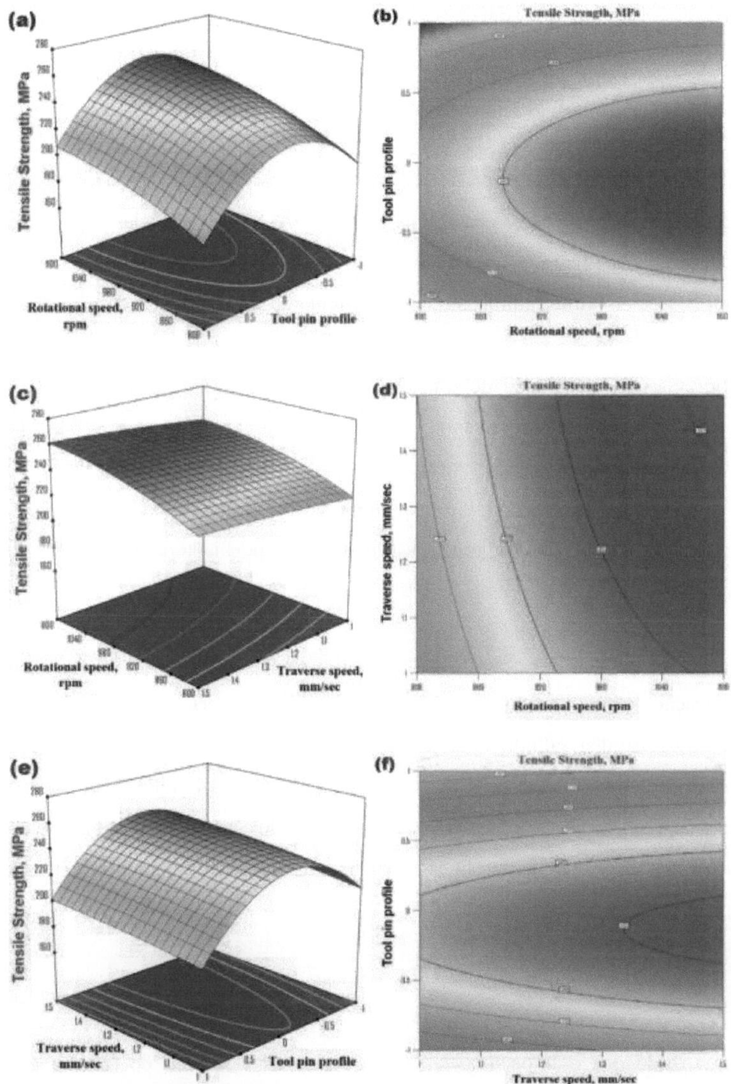

Figura 7.3 Gráficos tridimensionais de resposta e de superfície de contorno retratando o impacto combinado de (a) & (b) perfil do pino da ferramenta e velocidade de rotação (c) & (d) velocidade transversal e velocidade de rotação (e) & (f)

geometria do pino da ferramenta e velocidade transversal na resistência à tração das juntas de ligas de Mg distintas

7.4.2 Parâmetros Impacto interativo no alongamento

O impacto das combinações de parâmetros distintos na percentagem de alongamento das placas de liga de Mg AZ80A-AZ31B soldadas por fricção é ilustrado na Figura 7.4 (a) - (f), sob a forma de resposta tridimensional e gráficos de contorno bidimensionais. Examinando estes gráficos de resposta e de contorno, pode ser apreendido que, entre os três parâmetros distintos empregues, a velocidade de rotação da ferramenta desempenhou um papel inevitável no impacto da percentagem de alongamento das juntas fabricadas. Por exemplo, a partir da Figura 7.4 (a), pode ser visualizado que a percentagem de alongamento atinge o seu valor ideal com o aumento da velocidade de rotação da ferramenta e durante o emprego da ferramenta perfilada de pino cilíndrico cónico.

A razão para a obtenção de juntas de qualidade superior durante a utilização de uma ferramenta com perfil de cavilha cilíndrica cónica é que este perfil de cavilha cilíndrica cónica da ferramenta utilizada cortou o metal plastificado da sua superfície de origem de forma ideal, permitindo assim uma ação de agitação perfeita para este metal plastificado e transferiu este metal para baixo da superfície da ferramenta, consolidando assim as juntas de forma apreciável
(Rasti 2018).

A partir dos gráficos ilustrados na Figura 7.4 (c) e (d), pode ser visualizado que o impacto colaborativo entre a velocidade de rotação e a velocidade de deslocação tem um impacto mais dominante na percentagem de alongamento quando comparado com o das outras combinações de parâmetros. Para além disso, ao examinar o contorno de forma peculiar ilustrado na Figura 7.4 (f), é possível apreender a interdependência entre o perfil do pino da ferramenta e a sua velocidade de deslocação.

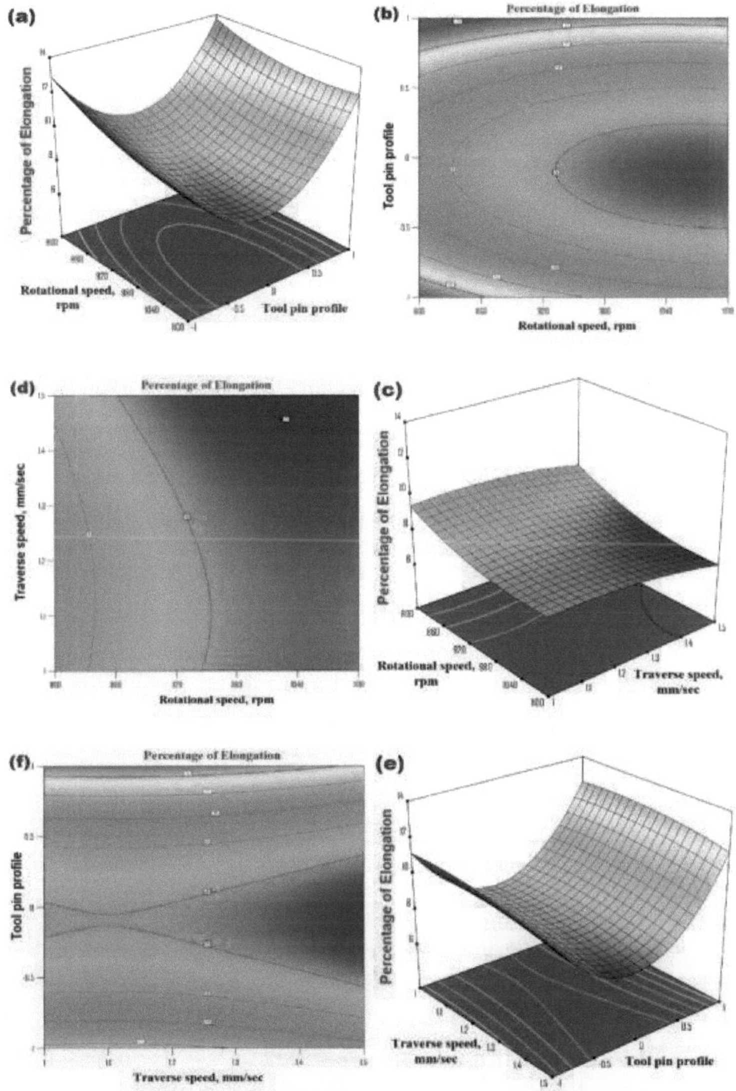

Figura 7.4 Gráficos tridimensionais de resposta e de superfície de contorno retratando o impacto combinado de (a) & (b) perfil do pino da ferramenta e velocidade de rotação (c) & (d) velocidade transversal e velocidade de rotação (e) & (f) geometria do pino da ferramenta e velocidade transversal na

percentagem de alongamento das juntas de ligas de Mg distintas

7.4.3 Implementação da GRA para determinar níveis de parâmetros optimizados

Utilizando os valores baseados em GRG mencionados na Tabela 7.5, o impacto médio para cada nível dos parâmetros do processo FSW foi determinado e está descrito na Tabela 7.6 e este impacto médio dos parâmetros foi também retratado na Figura 7.5. Tendo em consideração o maior valor de GRG para cada parâmetro do processo FSW, a condição de otimização atingida foi a ferramenta perfilada de pino cilíndrico cónico com uma velocidade de rotação de 1100 rpm e uma velocidade de deslocação de 1,25 mm/seg. Ficou claro que a condição optimizada antecipada de FSW era uma das condições experimentais no esquema de investigação de base ortogonal e esta condição optimizada antecipada especifica os valores mais desejáveis de resistência à tração e percentagem de alongamento (Muchhadiya *et al.* 2023).

Tabela 7.6 Principais impactos do Grau Relacional de Cinza (GRG)

Nível	Média GRG		
	Velocidade de rotação da ferramenta, rpm	**Velocidade de deslocação da ferramenta, mm/s**	**Geometria do pino da ferramenta**
1	0.3962	0.457	0.4685
2	0.7274	0.7139	0.7905
3	0.576	0.5422	0.3775

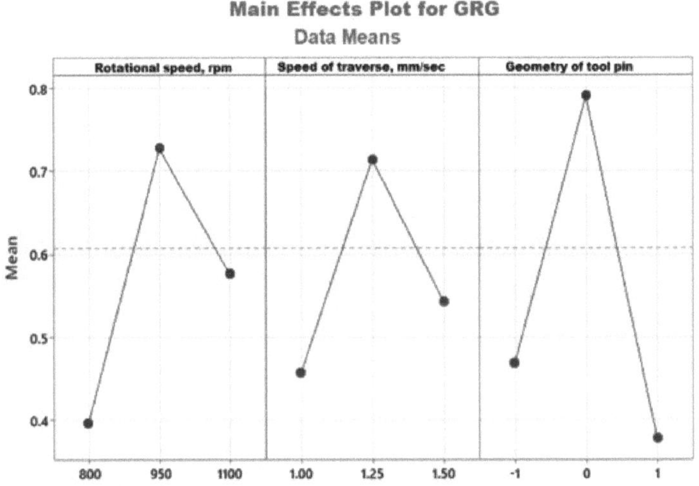

Figura 7.5 Gráfico dos principais impactos para o grau relacional cinzento

A disseminação aleatória dos valores de ajuste e dos resíduos padronizados é ilustrada na Figura 7.6. Estes gráficos anunciam a competência do modelo numérico formulado para a investigação. Observou-se que os pontos obtidos estavam mais próximos da linha reta, o que nos revela que os dados seguiram uma distribuição normal e que se pode visualizar um padrão autossuficiente para os resíduos.

O histograma e a ordem de observação também foram ilustrados na Figura 7.6 e, observando a ordem relevante de observação, pode ser entendido que os pontos baseados em resíduos foram distribuídos normalmente e muitos deles estão entre -0,15 e 0,15. Isto confirma-nos a distribuição dos erros de forma desigual. Esta constatação revela-nos que o modelo numérico reduzido possui uma maior competência para as variáveis relevantes em termos de erros (Prabhu *et al.* 2022). O parâmetro mais importante com impacto na soldadura por fricção das placas planas de liga de Mg AZ80A-AZ31B foi representado sob a forma de um declive acentuado na Figura 7.5 e, a partir desta Figura 7.5, pode compreender-se que a geometria do pino da ferramenta utilizada tem um maior impacto na determinação da qualidade das juntas de liga de Mg fabricadas.

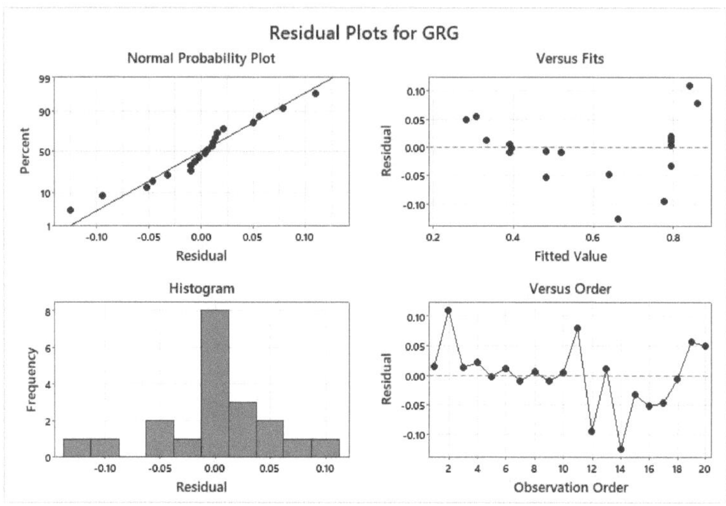

Figura 7.6 Difusão aleatória de valores de ajuste e resíduos padronizados

7.4.4 Implementação da ANOVA para GRG

Com o objetivo de determinar a importância e a contribuição de cada parâmetro para o valor do grau de cinzento relacional durante a FSW das placas da liga de Mg AZ80A-AZ31B, foi realizada uma ANOVA e os resultados obtidos estão descritos na Tabela 7.7.

Para determinar a distância entre os dados experimentais e o ajuste baseado na regressão, foram calculados os valores relativos a S, R^2 , R^2 ajustado, R^2 antecipado. O resumo do modelo descrito na Tabela 7.7 declara a precisão perfeita do modelo numérico estabelecido na previsão dos dados da investigação. Pode ser observado na Tabela 7.7 que as percentagens de contribuição foram de 37,91% para a velocidade de rotação da ferramenta,

12,35% para a velocidade de deslocação da ferramenta e 49,38% para a geometria do pino da ferramenta utilizada. Quanto à importância de cada parâmetro do processo FSW, pode visualizar-se a partir desta Tabela 7.7 que todos os parâmetros considerados (nomeadamente, a velocidade de rotação, a velocidade de deslocação e a geometria do pino) têm um impacto importante no grau de relação cinzenta, uma vez que o valor de p é inferior a 0,05.

Tabela 7.7 Resultados baseados na ANOVA para o grau relacional cinzento (GRG)

Fonte	DF	Adj SS	Adj EM	Valor F	Valor P
Modelo	9	0.9459	0.1051	17.3223	0.0001
Velocidade de rotação (R)	1	0.0808	0.0808	13.3209	0.0045
Velocidade de deslocação (T)	1	0.0681	0.0681	11.2299	0.0074
Geometria do pino (P)	1	0.1107	0.1107	18.2484	0.0016
R X R	1	0.0007	0.0007	0.1098	0.7472
T X T	1	0.0048	0.0048	0.7983	0.3926
P X P	1	0.0005	0.0005	0.0831	0.7790
R X T	1	0.0049	0.0049	0.8089	0.3896
R X P	1	0.0018	0.0018	0.2945	0.5992
R X P	1	0.3512	0.3512	57.8867	0.0000
Erro	10	0.0607	0.0061		
Falta de ajuste	5	0.0539	0.0108	7.9290	0.0201
Erro puro	5	0.0068	0.0014		
Total	19	0.8616			
Resumo do modelo: S=0,0746147; R2=92,95%; Adj R2=87,72%; Pred. R2 = 51.25%					

7.4.5 Teste de validação para GRG

Para formular um modelo numérico para o grau de relação cinzenta, foi efectuada uma análise de regressão utilizando os 3 parâmetros distintivos não codificados nos seus níveis distintivos. O modelo foi validado com um grau de confiança de 95%. Neste contexto, foi formulado um modelo numérico quadrático que incorpora os termos interactivos e lineares e que foi descrito utilizando a equação abaixo mencionada:

$$GRG = -0.76 + 0.00386\,R - 1.08\,T + 0.150\,P - 0.000002\,R^2 + 0.408T^2 - 0.3574\,P^2 + 0.000243\,RT - 0.000164\,RP - 0.032\,TP \quad (7.7)$$

Pode observar-se que o modelo numérico formulado foi transmitido em função dos principais parâmetros do processo FSW e das suas interações e o valor antecipado (i.e., o conjunto de dados) foi construído utilizando este modelo. O valor previsto e os valores realistas de GRG são ilustrados na Figura 7.7.

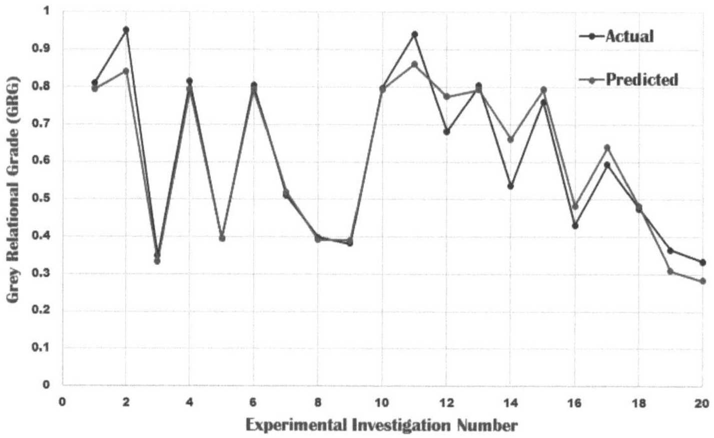

Figura 7.7 Ilustração gráfica do GRG (grau relacional cinzento) realista e antecipado

A diferença de erro entre os valores previstos e realistas do GRG situa-se entre 0,48 e 15,31% em ambos os lados. A competência do modelo numérico formulado foi avaliada utilizando o R^2 . O R^2 representa a força do modelo numérico formulado e assume um valor entre 0 e 1. Quando o valor do R^2 se aproxima de 1, considera-se que existe uma correlação perfeita entre os dados realistas e os dados previstos (Adalarasan & Shanmuga Sundaram 2015). O valor R^2 do modelo numérico formulado para o grau relacional cinzento foi de 92,95%.

7.4.6 Realização de experiências de confirmação

Uma vez que os parâmetros optimizados do processo FSW foram selecionados, foram efectuados ensaios de confirmação com o objetivo de validar os resultados optimizados obtidos. Os parâmetros optimizados do processo, com base nos valores GRG obtidos, foram a velocidade de rotação de 1100 rpm, a velocidade de deslocação de 1,5 mm/s e uma ferramenta com geometria de pino cilíndrico cónico. A Tabela 7.8 descreve os resultados dos ensaios experimentais de confirmação obtidos durante a utilização dos parâmetros optimizados. Pode ver-se que o valor atingido da resistência à tração da junta fabricada foi de 260,42 MPa e a percentagem de alongamento foi de 6,53%.

Tabela 7.8 Investigação de confirmação

Velocidade de rotação, rpm	Velocidade de deslocação, mm/seg	Geometria do pino	Resistência à tração, MPa	Alongamento %
1100	1.5	Cónico Cilíndrico	260,42 MPa	6.53

As imagens dos metais de base, nomeadamente (liga de Mg AZ80A e AZ31B) e de várias regiões (i.e., zonas) das juntas soldadas por fricção experimental confirmatória obtidas através do exame baseado no SEM (i.e., Microscópio Eletrónico de Varrimento) estão representadas na Figura 7.8 (a) - (c). Observando a Figura 7.8 (a) & (b), pode ser entendido que ambos os metais de base (i.e., AZ80A e AZ31B) herdam estruturas de grão aberrantes e de forma enorme e os grãos nestes metais de base foram também observados como estando dispersos de uma forma irregular e não distribuídos uniformemente.

Ambos os metais de base herdam uma rede errática de soluções sólidas à base de Mg, juntamente com precipitados imaturos de grandes dimensões à base de Mg_{17} Al_{12} nos limites dos grãos. Ao mesmo tempo, ao observar a imagem SEM da zona de pepita da junta da liga de Mg AZ80A - AZ31B obtida durante a investigação confirmatória, pode compreender-se que o grão nesta região sofreu uma transição notável. Os grãos dendríticos de grandes dimensões dos metais de base foram reconstruídos em grãos homogéneos de tamanho fino e igualmente espaçados, que estão uniformemente dispersos na zona do nugget, anunciando que os grãos na zona do nugget sofreram uma deformação grave devido ao gene de impacto classificado pela ação de agitação mecânica da geometria do pino cilíndrico cónico (Ni *et al.* 2020).

Além disso, o GRG atribuiu 2 variáveis de parâmetros no seu nível médio para investigar o comportamento à tração das juntas soldadas por fricção da liga de Mg AZ80A - AZ31B, como ilustrado na Figura 7.8 (a) - (c).

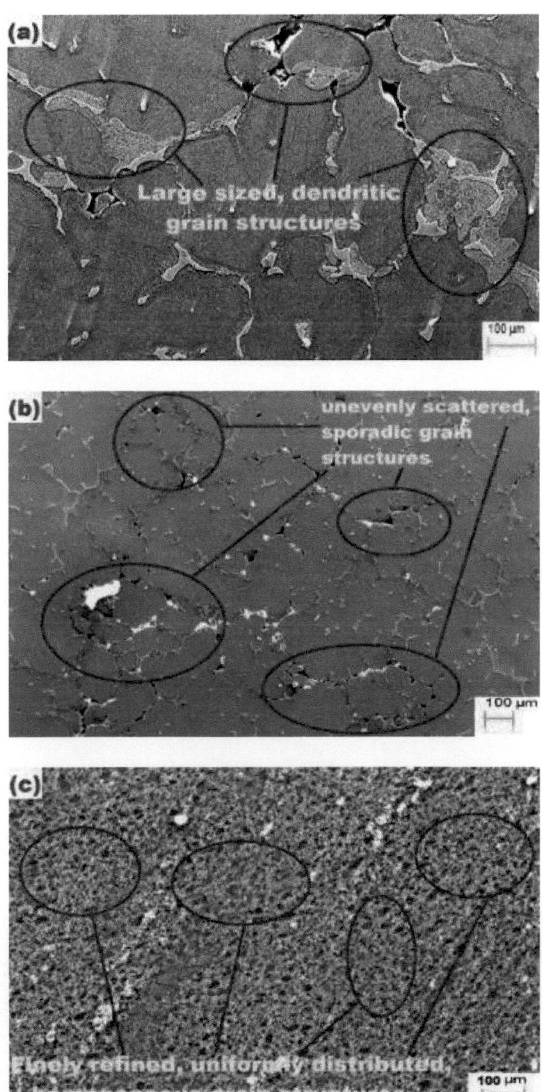

Figura 7.8 Imagens SEM do (a) metal de base - liga de Mg AZ31B (b) Liga de Mg AZ80A e (c) Zona de pepitas da junta soldada por fricção da liga de Mg AZ80A - AZ31B obtida durante a experiência de confirmação

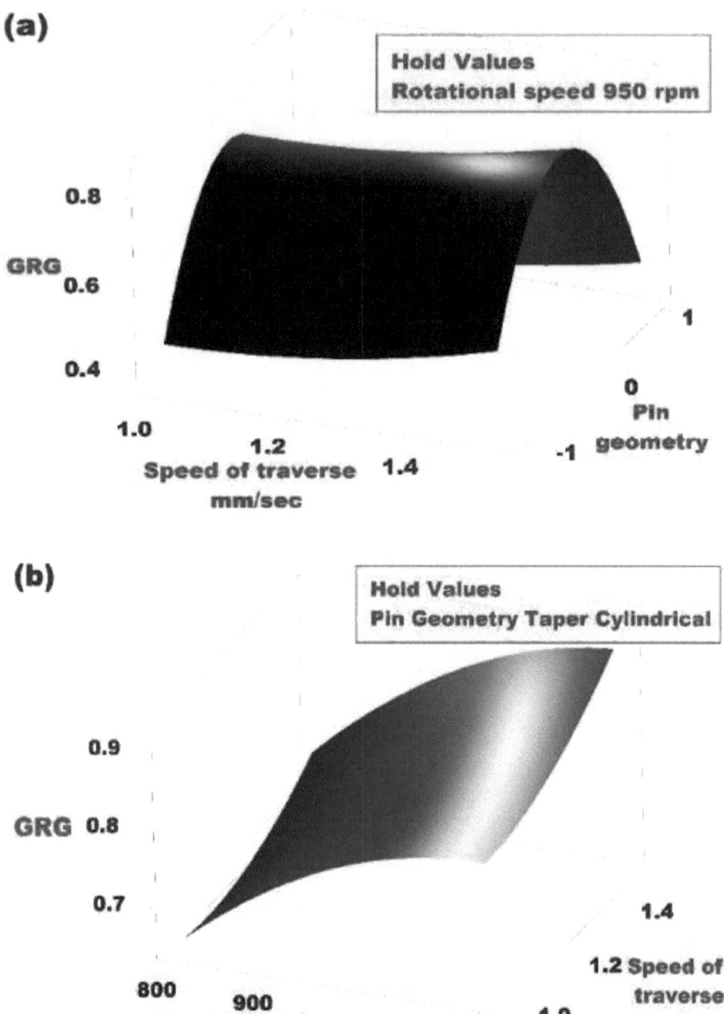

Figura 7.9 (continuação)

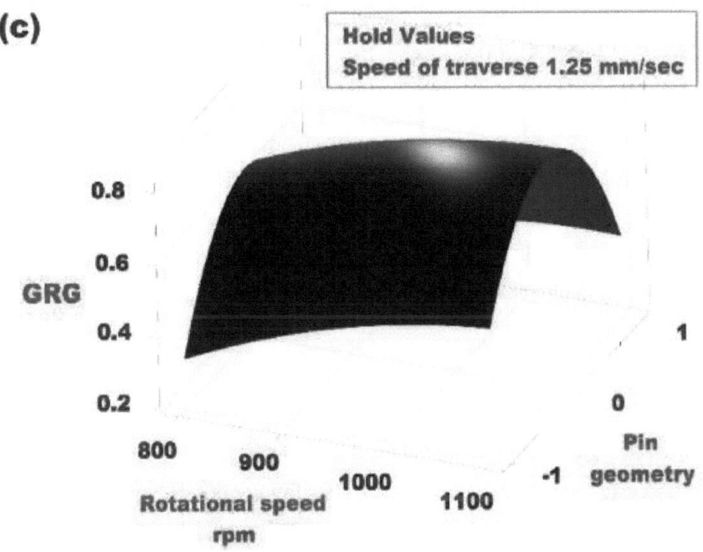

Figura 7.9 Gráficos de superfície de cada parâmetro versus GRG

A partir destas figuras, pode ser visualizado que um nível maior ou menor para um parâmetro preferido do processo FSW, incluindo a velocidade de rotação (R) e a velocidade de deslocação (T), diminuiu razoavelmente os atributos de tração das chapas planas de liga de Mg soldadas por fricção, independentemente da geometria do pino da ferramenta utilizada. As juntas de liga de Mg soldadas por fricção utilizando ferramentas com geometria de pinos cilíndricos cónicos apresentaram o maior valor de GRG, devido ao facto de as geometrias de pinos com faces cónicas estarem sempre relacionadas com um fluxo excêntrico do metal plastificado. Este fluxo de natureza excêntrica permite um fluxo concentrado de material e também permite que este metal plastificado flua em torno do perfil do pino (Wang *et al.* 2021). A inter-relação entre o volume dinâmico e o volume estático determina o caminho para o fluxo do metal desde o bordo de ataque até ao bordo de ataque da ferramenta utilizada.

Este rácio provou ser de 1,0 para as geometrias de pinos cilíndricos cónicos, 1,1 para os quadrados rectos e 1,5 para os pinos cilíndricos rectos. Além disso, a ferramenta com geometria de pino cilíndrico cónico apresentou valores maiores de GRG, enquanto as geometrias de pino de ferramenta, nomeadamente cilíndrica reta e quadrada reta (sem impactos pulsantes), apresentaram valores mais baixos de GRG.

7.5 CONCLUSÃO

Nesta investigação, a análise relacional cinzenta, uma das únicas optimizações baseadas em respostas múltiplas, foi utilizada para determinar a combinação optimizada de parâmetros baseados em ferramentas durante a FSW de placas de liga de Mg AZ80A-AZ31B. Os ensaios experimentais foram efectuados de acordo com a matriz de conceção baseada em CCD. Os dados obtidos a partir destas experiências para dois resultados (nomeadamente a resistência à tração e a percentagem de alongamento) foram transformados em valores GRG de acordo com a GRA baseada em RSM e estes valores GRG para cada cenário FSW foram avaliados para determinar a combinação de parâmetros optimizada. Para além disso, a importância e a contribuição de cada parâmetro do processo em relação ao valor de GRG foram calculadas, analisadas utilizando ANOVA e as conclusões abaixo mencionadas foram obtidas:

- Foi inferido a partir do valor médio de GRG que os valores dos parâmetros do processo FSW baseado na ferramenta optimizada foram 1100 rpm para a velocidade de rotação, 1,5 mm/seg. para a velocidade de deslocação e uma geometria de pino cilíndrico cónico.

- Durante a investigação de confirmação, as juntas de liga de Mg AZ80A-AZ31B fabricadas apresentaram uma resistência à tração de 260,42 MPa e uma percentagem de alongamento de 6,53

- Os resultados baseados na ANOVA anunciaram que todos os parâmetros considerados (nomeadamente a velocidade de rotação, a velocidade de deslocação e a geometria do pino) tiveram um impacto importante na resistência à tração e na percentagem de alongamento. As percentagens de contribuição destes parâmetros foram classificadas em sequência decrescente como 37,91% para a velocidade de rotação da ferramenta, 12,35% para a velocidade de deslocação da ferramenta e 49,38% para a geometria do pino da ferramenta utilizada

- A competência do modelo numérico formulado foi avaliada com base nos valores R^2 . O R^2 representa a força do modelo numérico formulado e tem um valor entre 0 e 1. 0 e 1. Quando o valor de R^2 se aproxima de 1, verifica-se uma correlação perfeita entre os dados realistas e os dados previstos. O valor R^2 do modelo numérico formulado para o grau relacional cinzento foi de 93,54%.

- Os gráficos de superfície baseados em GRG atribuídos com 2 variáveis de parâmetros no seu nível médio provaram que a ferramenta que possui uma geometria de pino cilíndrico cónico exibiu valores maiores de GRG

- A análise SEM da junta de liga de Mg AZ80A-AZ31B fabricada durante a experiência de confirmação anunciou que os grãos na sua zona de pepita sofreram uma deformação grave devido ao impacto gerado pela ação de agitação mecânica da geometria do pino cilíndrico cónico

CHAPTER 8

CONCLUSÕES E ÂMBITO DA INVESTIGAÇÃO FUTURA

Neste capítulo, são discutidos resumidamente vários resultados experimentais importantes e inferências relevantes para a investigação, observações e resultados obtidos a partir deste trabalho de investigação experimental que investiga a análise de sensibilidade e a formulação de uma relação empírica entre os parâmetros do processo FSW e a resistência à tração das juntas da liga de Mg AZ80A e a otimização multiobjectivo dos parâmetros durante a FSW das ligas de Mg AZ80A - AZ31B utilizando a análise relacional de Grey. Para além destes vários resultados experimentais e inferências, são também mencionadas neste capítulo algumas recomendações para a realização de trabalhos de investigação e experimentais subsequentes no que diz respeito à área da FSW e à FSW de ligas de Mg.

8.1 RESUMO

As ligas de magnésio (Mg) possuem um potencial exemplar para substituir as peças e componentes à base de cobre, alumínio e aço nos sectores automóvel e aeroespacial, devido à sua densidade reduzida em combinação com uma resistência superior, um grau excecional de capacidade de fundição, uma maior condutividade térmica, uma magnífica propriedade de blindagem baseada na interferência electromagnética e uma capacidade de amortecimento distinta. A tecnologia de soldadura utilizada para unir as ligas de Mg desempenha um papel vital no alargamento da área de aplicação das peças estruturais à base de ligas de Mg nos sectores automóvel e aeroespacial.

Ao mesmo tempo, as ligas de Mg não podem ser soldadas facilmente através do emprego de técnicas de soldadura por fusão. Isto deve-se principalmente ao facto de as ligas de Mg terem uma forte afinidade com o oxigénio e vários oxidantes químicos relevantes, levando à sua oxidação imediata na área da junta durante o emprego da soldadura por fusão. Outros problemas relacionados com o emprego de técnicas de soldadura por fusão para a soldadura de ligas de Mg incluem a fusão parcial, fissuras, porosidade, etc., que surgem durante a sua solidificação, o que degrada a resistência das juntas soldadas. Assim, prevalece uma necessidade inevitável de identificação de uma técnica de soldadura fiável e adequada para unir as ligas de Mg para aumentar a sua utilização nos sectores aeroespacial e automóvel

A soldadura por fricção (FSW), um processo de soldadura de estado sólido sem fusão, utiliza uma ferramenta rotativa não consumível com um perfil de pino único, que se estende para além da linha de junta a partir do ombro da ferramenta, para soldar os metais. A junta é obtida devido à rotação subseqüente e ao movimento frontal do pino da ferramenta ao longo da linha de junta, gerando calor baseado em fricção, plastificando assim os metais em ambos os lados da linha de junta, abaixo do seu ponto de fusão. Uma vez que a união das ligas metálicas é conseguida antes do seu ponto de fusão e o processo FSW diminui o volume das tensões térmicas induzidas nas ligas metálicas, as juntas fabricadas pelo processo FSW revelaram-se isentas de várias falhas, incluindo fracturas a quente, retração, porosidade, poros excessivos, cortes inferiores, afundamento do banho de soldadura, etc., tornando-o assim o processo de soldadura mais adequado para unir ligas distintas de Mg.

Ao mesmo tempo, a obtenção de juntas de qualidade superior, sem defeitos, utilizando a técnica FSW, depende em grande medida da identificação da combinação adequada dos seus parâmetros. A seleção inadequada dos parâmetros do processo FSW tem conduzido à geração de juntas de qualidade inferior, com vários defeitos, incluindo o excesso de rebarba na linha da junta, a porosidade, os furos de pinos, os vazios, etc. Tradicionalmente, a combinação ideal dos parâmetros do processo FSW, ou seja, a otimização dos parâmetros do processo FSW, era realizada através de métodos de tentativa e erro, que consumiam muito tempo e as juntas soldadas tinham de ser verificadas com frequência para determinar se cumpriam ou não os requisitos. Ao mesmo tempo, as técnicas estatísticas e numéricas de otimização recentemente desenvolvidas revelaram-se muito eficazes e consomem um tempo mínimo.

A maioria das técnicas de otimização estatística e numérica utiliza vários aspectos devido aos objectivos correlacionados, à melhoria dos atributos de qualidade, etc. Estes objectivos relacionados são optimizados de forma síncrona através do emprego de um modelo numérico de ordem 2nd da área limite óptima. Os atributos de qualidade de ponderação foram definidos com base no seu significado idiossincrático e nos julgamentos relacionados com a melhoria dos factores do processo. Foram registados vários trabalhos experimentais relativos ao emprego de técnicas estatísticas e numéricas durante o FSW de ligas distintas de alumínio (Al). No entanto, os trabalhos experimentais realizados para otimizar os parâmetros de processo durante a FSW de ligas de Mg são escassos e prevalece uma necessidade inevitável de antecipar a combinação ideal de parâmetros de processo durante a FSW de ligas distintas de Mg e de desenvolver um modelo numérico bem estabelecido baseado na otimização multi-objetivo, abordando variáveis de resposta com objectivos diversificados.

Vários trabalhos experimentais utilizaram ferramentas matemáticas distintas para otimizar os parâmetros durante o FSW de ligas de Al e a maior parte deles foram estratégias de otimização baseadas numa única resposta. Nesta era moderna de fabrico rápido e redução de custos, juntamente com a maximização da utilização, os processos complexos possuem vários atributos baseados na qualidade e tais cenários exigem normalmente o emprego de estratégias de otimização de resposta múltipla.

Assim, neste trabalho experimental, foi utilizada a Análise Relacional Cinzenta (ou seja, GRA). Nesta investigação experimental, tentou-se formular um modelo numérico multi-objetivo baseado em Central Composite Design (CCD), utilizando a técnica de análise relacional cinzenta, para otimizar os parâmetros dependentes da ferramenta (nomeadamente a velocidade de deslocação da ferramenta, a sua velocidade de rotação e a geometria do pino) durante a FSW de ligas distintas de Mg, nomeadamente AZ80A e AZ31B Mg, sendo as respostas a resistência à tração e a percentagem de alongamento das juntas

8.2 INFERÊNCIAS E CONCLUSÕES

Neste trabalho experimental, foi feito um esforço para construir relações empíricas entre os parâmetros do processo FSW e a resistência à tração das juntas AZ80A, com base nos dados de investigação gerados pela análise fatorial baseada em 6 parâmetros - 5 níveis. As conclusões significativas abaixo mencionadas foram encontradas:

- Foi formulada uma relação numérica baseada em regressão para antecipar a resistência à tração das juntas AZ80A com um grau de confiança de 95%, tendo em consideração seis parâmetros FSW relevantes para a ferramenta, incluindo a velocidade de rotação da ferramenta, a velocidade de deslocação da ferramenta, a força exercida axialmente para baixo, o diâmetro do ombro e do pino da ferramenta utilizada e a dureza da ferramenta, como variáveis relacionadas com o projeto

- O valor do coeficiente determinante indicou que 99,062% da variabilidade global foi demonstrada pelo modelo formulado e que o modelo não foi demasiado ajustado, como revelado pela comparação dos valores R2 e R2 ajustados. Verificou-se que apenas menos de 1% das discrepâncias globais não foram justificadas pelo modelo formulado.

- O valor mais elevado de P para o teste relevante de falta de adequação anunciou que o modelo formulado se ajusta perfeitamente à superfície relacionada com a resposta para a resistência à tração.

- Os gráficos de tipo contorno ilustraram que os impactos interactivos da velocidade de deslocação da ferramenta utilizada e da força axial eram muito importantes quando comparados com os impactos interactivos entre o diâmetro do pino e a força axial exercida, o diâmetro do ombro e a força axial exercida, a força axial exercida e a velocidade de deslocação da ferramenta, o diâmetro do ombro e a velocidade de rotação da ferramenta.

- A resistência à tração mais elevada de 234,23 MPa foi exibida pela junta AZ80A Mg fabricada durante o emprego de combinações de parâmetros optimizados de velocidade de rotação da ferramenta de 1032,88 rpm, sendo a sua velocidade transversal de 1,304 mm/seg, sob uma força axial exercida para baixo de 5,17 kN, quando soldada por fricção utilizando uma ferramenta com uma dureza de cerca de 59,88 HRc, possuindo um diâmetro de ombro de 13,82 mm e um diâmetro de perfil de pino cilíndrico de 3,61 mm

- O exame SEM da zona do nugget da junta sem falhas anunciou que o quantum ideal de calor de fricção produzido devido ao emprego de parâmetros optimizados, combinado com o impacto de agitação perfeito da ferramenta, fragmentou, alongou as estruturas de grãos plasticamente distorcidas em direção ao caminho de rotação da ferramenta e levou ao fabrico da junta AZ80A Mg sem falhas

- Observou-se que a zona do nugget do provete de tração fracturado da junta sem defeitos estava isenta de fissuras, micro-vazios, depressões e cristas, anunciando uma falha de natureza taça e cone, confirmando que o fluxo homogéneo de metal deformado plasticamente ocorreu na porção central do nugget da junta, contribuindo para a obtenção de uma resistência superior à tração das juntas AZ80A Mg sem defeitos

- A análise de sensibilidade revelou que mesmo pequenas modificações no valor da velocidade de deslocação da ferramenta utilizada contribuíram para grandes modificações na resistência à tração das juntas de Mg AZ80A, especialmente durante o seu escalonamento

- A resistência à tração das juntas AZ80A Mg foi altamente sensível à velocidade de deslocação da ferramenta utilizada, sendo comparada com outros parâmetros baseados em FSW tomados em consideração

Além disso, nesta investigação, a análise relacional cinzenta, uma das únicas optimizações baseadas em respostas múltiplas, foi também utilizada para determinar a combinação optimizada de parâmetros baseados em ferramentas durante a FSW de placas de liga de Mg AZ80A-AZ31B. Os ensaios experimentais foram efectuados de acordo com a matriz de conceção baseada em CCD. Os dados obtidos a partir destas experiências para dois resultados (nomeadamente a resistência à tração e a percentagem de alongamento) foram transformados em valores GRG de acordo com a GRA baseada em RSM e estes valores GRG para cada cenário FSW foram avaliados para determinar a combinação de parâmetros optimizada. Para além disso, a importância e a contribuição de cada parâmetro do processo em relação ao valor de GRG foram calculadas, analisadas utilizando ANOVA e as conclusões abaixo mencionadas foram obtidas:

- Foi inferido a partir do valor médio de GRG que os valores dos parâmetros do processo FSW baseado na ferramenta optimizada foram 1100 rpm para a velocidade de rotação, 1,5 mm/seg. para a velocidade de deslocação e uma geometria de pino cilíndrico cónico.

- Durante a fase de investigação confirmatória, as juntas fabricadas da liga de Mg AZ80A-AZ31B apresentaram uma resistência à tração de 260,42 MPa e uma percentagem de alongamento de 6,53.

- Os resultados baseados na ANOVA anunciaram que todos os parâmetros considerados (nomeadamente a velocidade de rotação, a velocidade de deslocação e a geometria do pino) tiveram um impacto importante na resistência à tração e na percentagem de alongamento. As percentagens de contribuição destes parâmetros foram classificadas em sequência decrescente como 37,91% para a velocidade de rotação da ferramenta, 12,35% para a velocidade de deslocação da ferramenta e 49,38% para a geometria do pino da ferramenta utilizada

- A competência do modelo numérico formulado foi avaliada com base nos valores de R2. O R2 representa a força do modelo numérico formulado e tem um valor entre 0 e 1. Quando o valor de R2 se aproxima de 1, existe uma correlação perfeita entre os dados realistas e os dados previstos. O valor de R2 do modelo numérico formulado para o grau de relação cinzenta foi de 93,54%.

- Os gráficos de superfície baseados em GRG atribuídos com 2 variáveis de parâmetros no seu nível médio provaram que a ferramenta que possui uma geometria de pino cilíndrico cónico exibiu valores maiores de GRG

- A análise SEM da junta de liga de Mg AZ80A-AZ31B fabricada durante a experiência de confirmação anunciou que os grãos na sua zona de pepita sofreram uma deformação grave devido ao impacto gerado pela ação de agitação mecânica da geometria do pino cilíndrico cónico

8.3 SUGESTÕES PARA INVESTIGAÇÃO FUTURA

Este trabalho de investigação experimental detalhado antecipou os impactos de pequenas modificações nos atributos relacionados com o projeto no que diz respeito à FSW de ligas de Mg e justifica que é essencial compreender a estabilidade e a importância dos parâmetros utilizados no processo FSW durante a junção de ligas de Mg, o que levou à obtenção de juntas de liga de Mg de qualidade superior. Neste trabalho experimental, através de um sistema de previsão modelado numericamente, foi verificado o impacto de algumas modificações nos atributos em relação ao objetivo global baseado no modelo. Como parte deste trabalho de investigação experimental, foram realizados trabalhos experimentais que se concentram na análise baseada na sensibilidade dos parâmetros durante a FSW de ligas de Mg e nos requisitos relacionados com a sua afinação fina para obter juntas de liga de Mg de qualidade superior.

Por outro lado, existe uma grande margem para a realização de vários trabalhos de investigação e experimentais, especialmente no que diz respeito ao processo FSW, uma vez que o processo FSW pode ser utilizado com êxito para soldar ligas distintas de resistência superior de titânio, latão, cobre, aço inoxidável e o processo FSW também pode ser utilizado para unir plásticos, compósitos, etc. Nesta perspetiva, são apresentadas a seguir algumas sugestões e opiniões que podem ser consideradas para a realização de novos trabalhos de investigação no que respeita ao processo FSW:

- A formulação de um sistema de monitorização para o processo FSW é muito essencial e a monitorização baseada na visão da qualidade das juntas soldadas por fricção não foi relatada até agora. Assim, existem muitos campos de investigação disponíveis para a formulação de um sistema de monitorização que utilize imagens de superfície para classificar e identificar defeitos produzidos durante o processo FSW

- Até à data, não foram formulados modelos exactos e extensos que ilustrem os atributos não lineares das ligas soldadas por fricção de vários metais. Assim, existe a necessidade de formular um modelo multi-variável, factual e não estatístico, baseado na rede neural artificial para prever as forças verticais encontradas durante a soldadura por fricção de ligas de Mg e outros metais.

- A qualidade dos compósitos soldados por fricção depende de vários atributos concorrentes, incluindo o tamanho das partículas de Si e a sua distribuição, a resistência à tração, a dispersão das partículas reforçadas, a dureza, etc. Para ter em consideração todos estes atributos em simultâneo, é necessário resolver um intrincado problema de otimização multiobjectivo. Assim, para resolver este problema de otimização multiobjectivo que surge durante a soldadura por fricção de compósitos, pode ser formulado um algoritmo genético classificável não dominado, que pode ser utilizado durante a soldadura por fricção de compósitos

REFERÊNCIAS

1. Acherjee , B, Kuar, AS, Mitra, S & Misra, D 2015, 'Laser transmission welding of polycarbonates: experiments, modeling, and sensitivity analysis', International Journal of Advanced Manufacturing Technology, vol. 78, pp. 853-861.

2. Adalarasan, R & Shanmuga Sundaram, A 2015, 'Parameter design in friction welding of Al/SiC/Al O_{23} composite using grey theory based principal component analysis (GT-PCA)', Journal of the Brazilian Society of Mechanical Sciences and Engineering, vol. 37, pp. 1515-1528.

3. Aghion & Boris, B 2000, 'Magnesium Alloys Development towards the 21st Century', Materials Science Forum, pp. 350-351.

4. Ahmadi, M, Pahlavani, M, Rahmatabadi, D, Marzbanrad, J, Hashemi, R & Afkar, A 2022, 'An Exhaustive Evaluation of Fracture Toughness, Microstructure, and Mechanical Characteristics of Friction Stir Welded Al6061 Alloy and Parameter Model Fitting Using Response Surface Methodology', Journal of Materials Engineering and Performance, vol. 31, pp. 3418-3436.

5. Alishahi, Marvasti & Aref, LM 2009, 'Bounds on the sum capacity of synchronous binary CDMA channels', Journal of Chemical Education, vol. 55, no. 8, pp. 3577-3593.

6. Al-Samman, T 2009, 'Comparative study of the deformation behavior of hexagonal magnesium-lithium alloys and a conventional magnesium AZ31 alloy', Ata Materialia, vol. 57, no. 7, pp. 2229-2242.

7. Andrej, A, Song, GL, Cao, F, Shi, Z & Bowen, PK 2013, 'Advances in Mg corrosion and research suggestions', Journal of Magnesium and Alloys, vol. 1, no. 3, pp. 177-200.

8. Assidi, M & Fourment, L 2009, 'Accurate 3D friction stir welding simulation tool based on friction model calibration', International Journal of Material Forming, vol. 2, pp. 327 - 334.

9. Bagheri, B, Abbasi, M & Abdollahzadeh, A 2021, 'Microestrutura e caraterísticas mecânicas de juntas AA6061-T6 produzidas por soldadura por fricção, soldadura por vibração por fricção e soldadura com gás

inerte de tungsténio: A comparative study", International Journal of Minerals, Metallurgy and Materials, vol. 28, pp. 450-461.

10. Bagheri, B, Abbasi, M, Abdollahzadeh, A 2021, "Microestrutura e caraterísticas mecânicas das juntas AA6061-T6 produzidas por soldadura por fricção, soldadura por vibração por fricção e soldadura com gás inerte de tungsténio: A comparative study", International Journal of Minerals, Metallurgy and Materials, vol. 28, pp. 450-461.

11. Bai, S, Fang, G, Jiang, B & Zhou, J 2021, 'Investigation into Atomic Diffusion at the Interface During Extrusion Welding of Magnesium and Magnesium Alloys', Metallurgical and Materials Transactions A, vol. 52, pp. 4222-4233.

12. Bamberger, M & Dehm, G 2008, 'Trends in the Development of New Mg Alloys', Annual Review of Materials Research, vol. 38, pp. 505-533.

13. Bhushan, RK & Sharma, D 2019, "Green welding for various similar and dissimilar metals and alloys: present status and future possibilities", Advanced Composites and Hybrid Materials, vol. 2, pp. 389-406.

14. Bian, MZ, Tripathi, A, Yu, H, Nam, ND & Yan, LM 2015, 'Efeito do teor de alumínio na textura e no comportamento mecânico de ligas de magnésio forjadas com Mg-1 wt% Mn', Materials Science and Engineering: A, vol. 639, pp. 320-326.

15. Blawert, C, Fechner, D, Höche, D, Heitmann, V, Dietzel, W, Kainer, KU, Živanović, P, Scharf , C, Ditze, A, Gröbner, J & Schmid-Fetzer, R 2010, 'Magnesium secondary alloys: Projeto de ligas para ligas de magnésio com limites de tolerância melhorados contra impurezas", Corrosion Science, vol. 52, no. 7, pp. 2452-2468.

16. Bo, L, Zhenhua, Z, Yifu, S, Weiye, H & Lei, L 2014, 'Soldadura por fricção dissimilar da liga Ti-6Al-4V e da liga de alumínio empregando uma configuração de junta de topo modificada: Influências das variáveis do processo nas interfaces de soldadura e nas propriedades de tração", Materials and Design, vol. 53, pp. 838-848.

17. Boukraa, M, Chekifi, T & Lebaal, N 2023, 'Friction Stir Welding of Aluminum Using a Multi-Objective Optimization Approach Based on Both Taguchi Method and Grey Relational Analysis', Experimental Techniques, vol. 47, pp. 603-617.

18. Chai, X, Zhang, N, He, L, Li, Q & Ye, W 2020, 'Kinematic Sensitivity Analysis and Dimensional Synthesis of a Redundantly Actuated Parallel

Robot for Friction Stir Welding', Chinese Journal of Mechanical Engineering, vol. 33, pp. 1-15.

19. Chaki, S 2019, "Modelação da previsão baseada em redes neurais dos parâmetros do processo de soldadura por feixe de laser híbrido com análise de sensibilidade", SN Applied Sciences, vol. 10, pp. 51-63.

20. Chen, Y, Fan, C, Lin, S & Yang, C 2023, 'Effect of Tungsten Inert Gas Welding Parameters on Hot Crack Sensitivity of Cast Magnesium Alloy', Journal of Materials Engineering and Performance, vol. 32, pp. 1382-1389.

21. Cizek & Greger 2004, 'Study of selected properties of magnesium alloy AZ91 after heat treatment and forming', Journal of Materials Processing Technology, 157-158, 466-471.

22. Dhanesh Babu, SD, Sevvel, P, Senthil Kumar, R, Vijayan, V & Subramani, J 2021, 'Development of Thermo Mechanical Model for Prediction of Temperature Diffusion in Different FSW Tool Pin Geometries During Joining of AZ80A Mg Alloys', Journal of Inorganic and Organometallic Polymers and Materials, vol. 31, pp. 3196-3212.

23. Dinesh Kumar, R, Ilhar Ul Hassan, MS, Muthukumaran, S, Venkateswaran, T & Sivakumar, D 2019, 'Otimização e validação de propriedades mecânicas em ligas dissimilares soldadas por fricção AA2219-T87 e AA7075-T73 usando T-GRA', Experimental Techniques, vol. 43, pp. 245-259.

24. Dinesh Kumar, R, Ilhar Ul Hassan, MS, Muthukumaran, S, Venkateswaran, T & Sivakumar, D 2019, 'Otimização e validação de propriedades mecânicas em ligas dissimilares soldadas por fricção AA2219-T87 e AA7075-T73 usando T-GRA', Experimental Techniques, vol. 43, pp. 245-259.

25. Dobrzański, LA 2019, 'A importância do magnésio e suas ligas na tecnologia moderna e métodos de moldar sua estrutura e propriedades', em A. Leszek, B. Menachem, & E. George, magnésio e suas ligas (Vol. 100, pp. 1-28). Boca Raton: CRC Press.

26. Du, B, Yang, X, Liu, K, Sun, Z & Wang, D 2019, 'Efeitos do orifício da placa de suporte e da força de soldadura na formação da soldadura e nas propriedades mecânicas das juntas de encaixe por fricção para soldaduras por fricção AA2219-T87', Welding in the World, vol. 63, pp. 989-1000.

27. Du, Y, Li, H, Yang, L & Luo, C 2018, 'Accurate measurement of residual stresses of 2219-T87 aluminum alloy friction stir welding joints based

on properties of joints', Journal of Mechanical Science and Technology, vol. 32, pp. 139-147.

28. Elmetwally, HT, SaadAllah, HN, Abd-Elhady, MS & Abdel-Magied, RK 2020, 'Optimum combination of rotational and welding speeds for welding of Al/Cu-butt joint by friction stir welding', International Journal of Advanced Manufacturing Technology, vol. 110, pp. 163-175.

29. Emami, S & Saeid, T 2015, 'Effects of Welding and rotational speeds on the Microstructure and Hardness of Friction Stir Welded Single-Phase Brass', Ata Metallurgica Sinica (English Letters), vol. 28, pp. 766-771.

30. Esmaily, M, Svensson, JE, Fajardo, S, Birbilis, N, Frankel, GS, Virtanen , S, Arrabal, R, Thomas, S & Johansson, LG 2017, 'Fundamentals and advances in magnesium alloy corrosion', Progress in Materials Science, vol. 89, pp. 92-193.

31. Fang, W & Tian, X 2021, 'Geometric error sensitivity analysis for a 6-axis welding equipment based on Lie theory', International Journal of Advanced Manufacturing Technology, vol. 113, pp. 1045-1056.

32. Fariñas, JC, Rucandio, I, Pomares-Alfonso, MS, Villanueva-Tagle, ME & Larrea, MT 2016, 'Determination of rare earth and concomitant elements in magnesium alloys by inductively coupled plasma optical emission spectrometry', Talanta, vol. 154, pp. 53-62.

33. Farzadi, A, Bahmani, M & Haghshenas, DF 2017, 'Otimização dos parâmetros operacionais na soldadura por fricção da liga de alumínio AA7075-T6 utilizando o método de superfície de resposta', Arabian Journal for Science and Engineering, vol. 42, pp. 4905-4916.

34. Fourment, L & Guerdoux, S 2008, '3D numerical simulation of the three stages of Friction Stir Welding based on friction parameters calibration', International Journal of Material Forming, vol. 1, pp. 1287-1290.

35. Fujii, H, Cui, L, Nakata, K & Nogi, K 2008, 'Mechanical Properties of Friction Stir Welded Carbon Steel Joints - Friction Stir Welding with and without Transformation', Welding in the World, vol. 52, pp. 75-81.

36. Giridharan, K, Sevvel, P, Balasubramaniam, S & Ravichandran, M 2022, 'Microstructural Analysis and Mechanical Behaviour of Copper CDA 101/AISI-SAE 1010 Dissimilar Metal Welds Processed by Friction Stir

Welding', Materials Research, vol. 25, no. 12, pp. e20210430.

37. Gusieva, K, Davies, CHJ, Scully, JR & Birbilis, N 2015, 'Corrosion of magnesium alloys: the role of alloying', International Materials Review, vol. 60, no. 3, pp. 169-194.

38. Hassan, KAA, Prangnell, PB, Norman, AF, Price, DA & Williams, SW 2013, 'Efeito dos parâmetros de soldadura na microestrutura e propriedades da zona de pepita em soldaduras por fricção de ligas de alumínio de alta resistência'. Science and Technology of Welding and Joining, vol. 8, no. 4, pp. 257-268.

39. Hassan, SF, Gupta, M 2006, 'Effect of type of primary processing on the microstructure, CTE and mechanical properties of magnesium/ alumina nanocomposites', Composite Structures, vol. 72, no. 1.

40. Horst, Friedrich & Barry, LM 2006, 'Magnesium Technology: Metallurgy, Design Data, Automotive Applications", Springer Science & Business Media.

41. Hou, L, Yu, J, Zhang, D, Zhuang, L, Zhou, L & Zhang, J 2017, 'Corrosion Behavior of Friction Stir Welded Al-Mg-(Zn) Alloys', Rare Metal Materials and Engineering, vol. 46, no. 9, pp. 2437-2444.

42. Huang, X, Suzuki, K, Chino, Y & Mabuchi, M 2015, 'Textura e formabilidade por estiramento de folhas de liga de magnésio AZ61 e AM60 processadas por laminagem a alta temperatura', Journal of Alloys and Compounds, vol. 632, pp. 94-102.

43. Jambhale, S, Kumar, S & Kumar, S 2022, 'Characterization and Optimization of Flat Friction Stir Spot Welding of Triple Sheet Dissimilar Aluminium Alloy Joints', Silicon, vol. 14, pp. 815-830.

44. Jiang, P, Dong, H, Cai, Y & Gao, M 2023, 'Effects of laser power modulation on keyhole behavior and energy absorptivity for laser welding of magnesium alloy AZ31', International Journal of Advanced Manufacturing Technology, vol. 125, pp. 563-576.

45. Jiang, Z, Jiang, B, Yang, H, Yang, Q, Dai, J & Pan, F 2015, 'Influência da fase Al2Ca na microestrutura e nas propriedades mecânicas das ligas Mg-Al-Ca', Journal of Alloys and Compounds, vol. 647, pp. 357-363.

46. Joo, SM 2013, 'Joining of dissimilar AZ31B magnesium alloy and SS400 mild steel by hybrid gas tungsten arc friction stir welding', Metals and Materials International, vol. 19, pp. 1251-1257.

47. Jung, IC, Kim, YK, Cho, TH, Oh, SH, Kim, TE, Shon, SW, Kim, WT & Kim, DH 2014, 'Suppression of discontinuous precipitation in AZ91 by addition of Sn', Metals and Materials International, vol. 20, pp. 99-103.

48. Kainer 2000, "Magnesium alloys and their applications", WILEY-VCH Verlag GmbH, Weinheim.

49. Kainer, KU & von Buch, F 2003, 'The Current State of Technology and Potential for Further Development of Magnesium Applications', In K. Kainer, & F. von Buch, Magnesium - Alloys and Technology, vol. 59, pp. 12-22. Wiley-VCH Verlag GmbH & Co.

50. Kalita, K, Burande, D, Ghadai, RK & Chakraborty, S 2023, 'Finite Element Modelling, Predictive Modelling and Optimization of Metal Inert Gas, Tungsten Inert Gas and Friction Stir Welding Processes: A Comprehensive Review", Archives of Computational Methods in Engineering, vol. 30, pp. 271-299.

51. Karaoğlu, S & Seçgin, A 2008, 'Sensitivity analysis of submerged arc welding process parameters', Journal of Materials Processing Technology, vol. 202, no. 1-3, pp. 500-507.

52. Kasman, S 2013, 'Multi-response optimization using the Taguchi based grey relational analysis: a case study for dissimilar friction stir butt welding of AA6082-T6/AA5754-H111', International Journal of Advanced Manufacturing Technology, vol. 68, pp. 795-804.

53. Kesharwani, R, Jha, KK, Imam, M & Sarkar, C 2022, 'The optimization of the groove depth height in friction stir welding of AA 6061-T6 with Al2O3 powder particle reinforcement', Journal of Materials Research, vol. 37, pp. 3743-3760.

54. Kim, E & Eagar, TW 2015, 'Simulation and sensitivity analysis of controlling parameters in resistance spot welding', Metals and Materials International, vol. 21, pp. 356-364.

55. Kim, IS, Son, KJ, Yang, YS & Yaragada, PKDV 2008, 'Sensitivity analysis for process parameters in GMA welding processes using a fatorial design method', International Journal of Machine Tools and Manufacture, vol. 43, no. 8, pp. 763-769.

56. Kimura, Nishii, & Kwarada 2002, 'Technology for recycling magnesium alloy housings of notebook computers', Material Transactions, vol. 43, pp. 2516-2522.

57. Kirkland, NT, Kolbeinsson, I, Woodfield, T, Dias, GJ & Staiger, MP 2011, 'Síntese e propriedades do magnésio poroso topologicamente

ordenado', Materials Science and Engineering: B, vol. 176, no. 20, pp. 1666-1672.

58. Kirkland, NT, Kolbeinsson, I, Woodfield, TIM, Dias, G & Staiger, MP 2009, 'Processing-property relationships of as-cast magnesium foams with controllable architecture', International Journal of Modern Physics B, vol. 23, pp. 1002-1008.

59. Kiyotaka, M, Yasuo, O, Toshifumi, K & Keiichi, K 2008, 'High Cycle Fatigue Property of Extruded Non-Combustible Mg Alloy AMCa602', Materials Transactions, vol. 49, pp. 1148-1156.

60. Koilraj, M, Sundareswaran, V, Vijayan, S & Koteswara Rao, SR 2002, 'Friction stir welding of dissimilar aluminum alloys AA2219 to AA5083 - Optimization of process parameters using Taguchi technique', Materials & Design, vol. 42, pp. 1-7.

61. Kolubaev, AV, Zaikina, AA, Sizova, OV, Ivanov, KV, Filippov, AV & Kolubaev, EA 2018, 'Sobre a semelhança dos mecanismos de deformação durante a soldadura por fricção e fricção deslizante da liga AA5056', Russian Physics Journal, vol. 60, pp. 2123-2129.

62. Kouadri-Henni, A & Barrallier, L 2014, 'Propriedades Mecânicas, Microestrutura e Textura Cristalográfica da Liga de Magnésio AZ91-D Soldada por Friction Stir Welding (FSW)', Metallurgical and Materials Transactions A, vol. 45, pp. 4983-4996.

63. Kumar, S & Kumar, S 2015, 'Multi-response optimization of process parameters for friction stir welding of joining dissimilar Al alloys by gray relation analysis and Taguchi method', Journal of the Brazilian Society of Mechanical Sciences and Engineering, vol. 37, pp. 665-674.

64. Kwak, TY, Lim, HK & Kim, WJ 2016, 'The effect of 0.5 wt.% Ca addition on the hot compressive characteristics and processing maps of the cast and extruded Mg-3Al-1Zn alloys', Journal of Alloys and Compounds, vol. 658, pp. 157-169.

65. Layus, P, Kah, P, Khlusova, E & Orlov, V 2018, 'Study of the sensitivity of high-strength cold-resistant shipbuilding steels to thermal cycle of arc welding', International Journal of Mechanical and Materials Engineering, vol. 13, pp. 3-17.

66. Lentz, M, Risse, M, Schaefer, N, Reimers, W & Beyerlein, IJ 2016, 'Força e ductilidade com {10T1} - {10T2} dupla geminação numa liga de magnésio', Nature communications, vol. 7, pp. 11068 .

67. Li, R, Pan, F, Jiang, B, Dong, H & Yang, Q 2013, 'Efeito da adição de Li no comportamento mecânico e na textura da liga de magnésio AZ31 as-extruded', Materials Science and Engineering: A, vol. 562, pp. 33-38.

68. Li, RG, Xu, Y, Qi, W, An, J, Lu, Y, Cao, ZY & Liu, YB 2008, 'Effect of Sn on the microstructure and compressive deformation behavior of the AZ91D aging alloy', Materials Characterization, vol. 59, no. 11, pp. 1643-1649.

69. Liang, Z, Qin, G, Geng, P, Yang, F & Meng, X 2017, 'Continuous drive friction welding of 5A33 Al alloy to AZ31B Mg alloy', Journal of Manufacturing Processes, vol. 25, pp. 153-162.

70. Lindemann, Schmidt, Todte & Zeuner 2002, 'Thermal analytical investigations of the magnesium alloys AM 60 and AZ 91 including the melting range', Thermochimica Ata, vol. 382, no. 1-2, pp. 269-275.

71. Liu, M, Guo, Y, Wang, J & Yergin, M 2018, "Corrosion avoidance in lightweight materials for automotive applications", NPJ Materials Degradation, pp. 12-24.

72. Liu, W, Shen, Y, Guo, C, Ni, R, Yan, Y & Hou, W 2019, 'Effect of Rotational Speed on Microstructure and Mechanical Properties in Submerged Friction Stir Welding of ME20M Magnesium Alloy', Journal of Materials Engineering and Performance, vol. 28, pp. 4610-4619.

73. Luo, AA, Zhang, C & Sachdev, AK 2012, 'Effect of eutectic temperature on the extrudability of magnesium-aluminum alloys', Scripta Materialia, vol. 66, no. 7, pp. 491-494.

74. Macwan, A & Chen, DL 2016, 'Soldadura por pontos ultra-sónica da liga de magnésio ZEK100 contendo terras raras à liga de alumínio 5754', Materials Science and Engineering: A, vol. 666, pp. 139-148.

75. Mahmudi, R & Moeendarbari, S 2013, 'Efeitos das adições de Sn na microestrutura e no comportamento de fluência de impressão da liga de magnésio AZ91', Materials Science and Engineering: A, vol. 566, pp. 30-39.

76. Meng, X, Wu, R, Zhang, M, Wu, L & Cui, C 2009, 'Microstructures and properties of superlight Mg-Li-Al-Zn wrought alloys', Journal of Alloys and Compounds, vol. 486, no. 2, pp. 722-725.

77. Michael, A & Hugh, B 1999, 'Magnesium and Magnesium Alloys', ASM International. Comité do Manual.

78. Mohamed H El-Moayed, Shash, AY, Rabou, MA & Mahmoud G El-Sherbiny 2021, 'A detailed process design for conventional friction stir welding of aluminum alloys and an overview of related knowledge', Engineering Reports, vol. 3, no. 2, pp. e12270.

79. MohammadiSefat, MJ, Ghazanfari, H & Blais, C 2021, 'Friction Stir Welding of 5052-H18 Aluminum Alloy: Modelagem e otimização de parâmetros de processo ', Journal of Materials Engineering and Performance, vol. 30, pp. 1838-1850.

80. Mohanty, HK, Mahapatra, MM, Kumar, P, Biswas, P & Mandal, NR 2012, 'Modeling the effects of tool shoulder and probe profile geometries on friction stirred aluminum welds using response surface methodology', Journal of Marine Science and Application, vol. 11, pp. 493-503.

81. Monteiro, Buso & Silva 2012, 'Application of Magnesium Alloys in Transport', In New Features on Magnesium Alloys. Intech.

82. Muchhadiya, A, Kumari, S, Bandhu, D, Abishek, K & Vora, JJ 2023, 'Elucidating the Effect of Friction Stir Welding Variables on HDPE Sheets Using Grey Integrated with Fuzzy: Experimental Investigation and Parametric Optimization", Journal of The Minerals, Metals & Materials Society, vol. 75, pp. 2684-2692.

83. Mukhina, IY 2014, 'A Study of Magnesium-Base Metallic Systems and Development of Principles for Creation of Corrosion-Resistant Magnesium Alloys', Metal Science and Heat Treatment, vol. 56, pp. 387-393.

84. Muthumanickam, A, Gandham, P & Dhenuvakonda, S 2019, 'Effect of Friction Stir Welding Parameters on Mechanical Properties and Microstructure of AA2195 Al-Li Alloy Welds', Transactions of the Indian Institute of Metals, vol. 72, pp. 1557-1561.

85. Nakhaei, MR, Mostafa Arab, NB & Naderi, G 2013, 'Application of response surface methodology for weld strength prediction in laser welding of polypropylene/clay nanocomposite', Iranian Polymer Journal, vol. 22, pp. 351-360.

86. Ni, Y, Qin, DQ, Mao, Y, Xiao, X & Fu, L 2020, 'Influências dos parâmetros de soldadura na força axial e nas deformações da soldadura por fricção sem micro-pinos', International Journal of Advanced Manufacturing Technology, vol. 106, pp. 3273-3283.

87. Nie, JF 2012, "Precipitação e endurecimento em ligas de magnésio", Metallurgical and Materials Transactions A, vol. 43, pp. 3891-3939.

88. Ovchinnikov, VV & Badall, NN 2018, 'Microstructure of the Joint of 1565chM Alloy Sheets Fabricated by Friction Stir Welding', Russian Metallurgy (Metally), vol. 18, pp. 552-556.

89. Ozturk, K, Zhong, Y, Liu, ZK & Luo, AA 2003, 'Ligas Mg-Al-Ca resistentes à fluência: Computational thermodynamics and experimental investigation", Journal of The Minerals, Metals & Materials Society, vol. 55, pp. 40-44.

90. Pan, FS, Chen, MB, Wang, JF, Peng, J & Tang, AT 2008, 'Effects of yttrium addition on microstructure and mechanical properties of as-extruded AZ31 magnesium alloys', Transactions of Nonferrous Metals Society of China, vol. 18, no. 1, pp. s1-s6.

91. Pandya, SN & Menghani, JV 2018, 'Desenvolvimento de modelos matemáticos para a previsão das propriedades de tração de soldaduras dissimilares de AA6061-T6 a Cu preparadas pelo processo de soldadura por fricção com intercalar Zn', Sādhanā, vol. 43, pp. 168-173.

92. Paramsothy, M, Gupta, M & Srikanth, N 2008, 'Improving Compressive Failure Strain and Work of Fracture of Magnesium by Integrating it with Millimeter Length Scale Aluminum', Journal of Composite Materials, vol. 42, no. 13, pp. 115-127.

93. Plaine, AH, Gonzalez, AR, Suhuddin, UFH, dos Santos, JF & Alcântara, NG 2016, 'Process parameter optimization in friction spot welding of AA5754 and Ti6Al4V dissimilar joints using response surface methodology', International Journal of Advanced Manufacturing Technology, vol. 85, pp. 1575-1583.

94. Powell, BR, Rezhets, V, Balogh, MP & Waldo, WA 2002, 'Microstructure and creep behavior in AE42 magnesium die-casting alloy', Journal of The Minerals, Metals & Materials Society, vol. 54, pp. 34-38.

95. Prabhu, SR, Shettigar, A, Herbert, MA & Rao, SS 2022, 'Parameter investigation and optimization of friction stir welded AA6061/TiO_2 composites through TLBO', Welding in the World, vol. 66, pp. 93-103.

96. Radha, R & Sreekanth, D 2017, 'Insight of magnesium alloys and composites for orthopedic implant applications - a review', Journal of Magnesium and Alloys, vol. 5, no. 3, pp. 286-312.

97. Rasti, J 2018, "Estudo do efeito dos parâmetros de soldadura na área de vazio do túnel durante a soldadura por fricção da liga de alumínio 1060", International Journal of Advanced Manufacturing Technology, vol. 97, pp. 2221-2230.

98. Ryl'kov, EN, Isupov, FY, Naumov, AA, Panchenko, OV & Zhabrev, LA 2019, "Análise comparativa das propriedades mecânicas das juntas de soldadura por fricção de várias ligas de alumínio", Russian Metallurgy (Metally), vol. 19, pp. 1531-1536.

99. Sarıgül, AS & Seçgin, A 2004, 'A study on the applications of the acoustic design sensitivity analysis of vibrating bodies', Applied Acoustics, vol. 65, no. 11, pp. 1037-1056.

100. Sasikala, G, Jothiprakash, VM, Pant, B, Subalakshmi, R, Thirumal Azhagan, M, Arul, K, Alonazi, WB, Karnan, M & Praveen Kumar, S 2022, 'Otimização dos parâmetros do processo de soldadura por fricção de diferentes ligas de alumínio AA2618 a AA5086 pelo método Taguchi', Advances in Materials Science and Engineering, vol. 8, artigo n.º 3808605.

101. Satheesh, C, Sevvel, P & Senthil Kumar, R 2020, 'Experimental Identification of Optimized Process Parameters for FSW of AZ91C Mg Alloy Using Quadratic Regression Models', Strojniški vestnik - Journal of Mechanical Engineering, vol. 66, no. 12, pp. 736-751 .

102. Satya Prasad, SV, Prasad, SB, Verma, K, Mishra, RK, Kumar, V & Singh, S 2022, 'The role and significance of Magnesium in modern day research-A review', Journal of Magnesium and Alloys, vol. 10, pp. 11-61.

103. Seetharaman, S, Jayalakshmi, S, Arvind Singh, R & Gupta, M 2022, 'The Potential of Magnesium-Based Materials for Engineering and Biomedical Applications', Journal of the Indian Institute of Science, vol. 102, pp. 421-437.

104. Sefene, EM & Tsegaw, AA 2022, 'Temperature-based optimization of friction stir welding of AA 6061 using GRA synchronous with Taguchi method', International Journal of Advanced Manufacturing Technology, vol. 119, pp. 1479-1490.

105. Senapati, NP & Bhoi, RK 2020, 'Grain Size Optimization Using PSO Technique for Maximum Tensile Strength of Friction Stir-Welded Joints

of AA1100 Aluminium', Arabian Journal for Science and Engineering, vol. 45, pp. 5647-5656.

106. Senthil, SM, Parameshwaran, R, Nathan, SR, Bhuvanesh Kumar, M & Deepandurai, K 2020, 'A multi-objective optimization of the friction stir welding process using RSM-based-desirability function approach for joining aluminum alloy 6063-T6 pipes', Structural and Multidisciplinary Optimization, vol. 62, pp. 1117-1133.

107. Shan, J 2010, 'Laser welding of magnesium alloys', In L. Liu, Welding and Joining of Magnesium Alloys, pp. 306-350, Beijing: Woodhead Publishing Series.

108. Shao, Y, Zeng, RC, Li, SQ, Cui, LY, Zou, YH, Guan, SK & Zheng, YF 2020, 'Advance in Antibacterial Magnesium Alloys and Surface Coatings on Magnesium Alloys: A Review", Ata Metallurgica Sinica (English Letters), vol. 33, pp. 615-629.

109. Shen, J & Xu, N 2012, 'Effect of preheat on TIG welding of AZ61 magnesium alloy', International Journal of Minerals, Metallurgy, and Materials, vol. 19, pp. 360-363.

110. Shen, X, Ma, G & Chen, P 2017, 'Effect of welding process parameters on hybrid GMAW-GTAW welding process of AZ31B magnesium alloy', International Journal of Advanced Manufacturing Technology, vol. 94, pp. 2811-2819.

111. Shindo, DJ, Rivera, AR & Murr, LE 2002, 'Shape optimization for tool wear in the friction-stir welding of cast Al359-20% SiC MMC', Journal of Materials Science, vol. 37, pp. 4999-5005.

112. Siddaiah, A, Singh, BK & Mastanaiah, P 2017, 'Prediction and optimization of weld bead geometry for electron beam welding of AISI 304 stainless steel', International Journal of Advanced Manufacturing Technology, vol. 89, pp. 27-43.

113. Simanjuntak, S, Cavanaugh, MK, Gandel, DS, Easton, MA, Gibson, MA & Birbilis, N 2015, 'A Influência do Ferro, Manganês e Zircónio na Corrosão do Magnésio: An Artificial Neural Network Approach", Corrosion, vol. 71, no. 2, pp. 199-208.

114. Song, G & Atrens, A 2003, 'Understanding Magnesium Corrosion-A Framework for Improved Alloy Performance', Advanced Engineering Materials, vol. 5, no. 12, pp. 837-858.

115. Song, G, Wang, HY, Li, TT & Liu, LM 2018, 'Mecanismo de união de juntas de topo de liga de Mg/aço com intercalar Cu-Zn por fonte de soldadura híbrida laser-TIG', Journal of Iron and Steel Research International,
vol. 25, pp. 221-227.

116. Staiger, MP, Kolbeinsson, I, Kirkland, NT, Nguyen, T, Dias, G & Woodfield, TBF 2010, 'Synthesis of topologically-ordered open-cell porous magnesium', Materials Letters, vol. 64, no. 23, pp. 2572-2574.

117. Tan, J & Ramakrishna, S 2021, 'Applications of Magnesium and Its Alloys: A Review", Applied Sciences, vol. 11, no. 15, pp. 6861-6874.

118. Thakur, SK, Paramsothy, M & Gupta, M 2010, 'Improving tensile and compressive strengths of magnesium by blending it with aluminium', Materials Science and Technology, vol. 26, no. 1, pp. 115-120.

119. Tharumarajah, A & Koltun, P 2007, "Is there an environmental advantage of using magnesium components for light-weighting cars?", Journal of Cleaner Production, vol. 15, no. 12, pp. 1007-1013.

120. Trykov, YP, Shmorgun, VG, Arisova, VN & Ponomareva, IA 2012, 'The behavior of magnesium alloys during explosion welding and ways to prevent their failure', Russian Journal of Non-Ferrous Metals, vol. 53, pp. 139-144.

121. Uematsu, Y, Tokaji, K & Matsumoto, M 2009, 'Effect of aging treatment on fatigue behaviour in extruded AZ61 and AZ80 magnesium alloys', Materials Science and Engineering: A, vol. 517, no. 2, pp. 138-145.

122. Vairis, A, Papazafeiropoulos, G & Tsainis, AM 2016, 'A comparison between friction stir welding, linear friction welding and rotary friction welding', Advances in Manufacturing, vol. 4, pp. 296-304.

123. Venkateswarlu, D, Nageswara rao, P, Mahapatra, MM, Harsha, SP & Mandal, NR 2015, 'Processing and Optimization of Dissimilar Friction Stir Welding of AA 2219 and AA 7039 Alloys', Journal of Materials Engineering and Performance, vol. 24, pp. 4809-4824.

124. Waldemar, A 2012, Novas caraterísticas das ligas de magnésio. InTech.

125. Wang, HF, Wang, JL, Zuo, DW & Song, WW 2017, 'Application of Stir Tool Force Measuring Dynamometer for Friction Stir Welding of Aluminum Alloys', Strength of Materials, vol. 49, pp. 162-170.

126. Wang, JL, Xu, JK, Hopkins, C, Chow, DHK & Qin, L 2020, 'Implantes biodegradáveis à base de magnésio em ortopedia - uma revisão geral e perspectivas', Advanced Science, vol. 7, n.º 8, artigo n.º 1902443.

127. Wang, T, Upadhyay, P & Whalen, S 2021, 'A Review of Technologies for Welding Magnesium Alloys to Steels', International Journal of Precision Engineering and Manufacturing-Green Technology, vol. 8, pp. 1027-1042.

128. Wang, Z, Yan, F & Zhao, P 2013, 'Numerical simulation of the dynamic behaviors of a gas tungsten welding arc for joining magnesium alloy AZ61A', Ata Metallurgica Sinica (English Letters), vol. 26, pp. 588-596.

129. Wen, Q, Li, W, Patel, V, Gao, Y & Vairis, A 2020, 'Investigation on the Effects of Welding on Bobbin Tool Friction Stir Welding of 2219 Aluminum Alloy', Metals and Materials International, vol. 26, pp. 1830-1840.

130. Windmann, M, Röttger, A, Kügler, H & Theisen, W 2016, 'Laser beam welding of magnesium to coated high-strength steel 22MnB5', International Journal of Advanced Manufacturing Technology, vol. 87, pp. 3149-3156.

131. Xia, X, Xiao, L, Chen, Q, Li, H & Tan, Y 2017, 'Hot forging process design, microstructure, and mechanical properties of cast Mg-Zn-Y-Zr magnesium alloy tank cover', International Journal of Advanced Manufacturing Technology, vol. 94, pp. 4199-4208.

132. Xu, SW, Oh-ishi, K, Kamado, S, Uchida, F, Homma, T & Hono, K 2011, 'Liga de Mg-Al-Ca-Mn extrudida de alta resistência', Scripta Materialia, vol. 65, no. 3, p. 55.

133. Xu, Y, Qian, P, Qiao, P, Li, J & Zhang, J 2022, 'Study on Laser Welding Process, Microstructure and Properties of AZ31B Magnesium Alloy', Transactions of the Indian Institute of Metals, vol. 75, pp. 2905-2912.

134. Yamagishi, H, Sumioka, J, Kakiuchi, S, Tomida, S, Takeda, K & Shimazaki, K 2015, 'Forge Welding of Magnesium Alloy to Aluminum Alloy Using a Cu, Ni, or Ti Interlayer', Metallurgical and Materials Transactions A, vol. 46, pp. 3601-3611.

135. Yang, S & Zhang, B 2011, 'Experimental study of electron beam welding of magnesium alloys', Rare Metals, vol. 30, pp. 364-369.

136. Yokobayashi, H, Kishida, K, Inui, H, Yamasaki, M & Kawamura, Y 2011, 'Enriquecimento de átomos de Gd e Al nos planos quádruplos

compactados e sua ordenação de longo alcance no plano na fase ordenada de empilhamento de longo período no sistema Mg-Al-Gd', Ata Materialia,
vol. 59, no. 19, pp. 7287-7299.

137. Yuan, W, Mishra, R, Webb, S, Chen, Y, Carlson, B, Herling, D & Grant, G 2019, 'Comportamento incomum de fadiga da liga Al-Mg-Si soldada por fricção', Ciência e Engenharia de Materiais: A, vol. 760, no. 8, pp. 277-286.

138. Zeng, Z, Stanford, N, Davies, CHJ, Nie, JF & Birbilis, N 2019, 'Magnesium extrusion alloys: a review of developments and prospects', International Materials Reviews, vol. 64, no. 1, pp. 27-62.

139. Zhang, CY, Chen, QD & Jean, MD 2022, 'Optimization of the Welding Properties of Friction Stir Weld Butt Joints Using the Response Surface Method Based on Taguchi's Design', Strength of Materials, vol. 54, pp. 267-280.

140. Zhang, J, Yu, Q, Jiang, Y & Li, Q 2011, 'An experimental study of cyclic deformation of extruded AZ61A magnesium alloy', International Journal of Plasticity, vol. 27, no. 5, pp. 768-787.

141. Zhao, D, Jiang, C & Zhao, K 2023, 'Ultrasonic welding of AZ31B magnesium alloy and pure copper: microstructure, mechanical properties and finite element analysis', Journal of Materials Research and Technology, vol. 23, pp. 1273-1284.

142. Zhao, D, Ren, D, Zhao, K, Sun, P, Guo, X & Liu, L 2019, 'Soldadura por Ultrassons de Metais Dissimilares de Magnésio-Titânio: A Study on Thermo-mechanical Analyses of Welding Process by Experimentation and Finite Element Method', Chinese Journal of Mechanical Engineering, vol. 32, pp. 97-106.

143. Zhao, S, Bi, Q, Wang, Y & Shi, J 2017, 'Empirical modeling for the effects of welding factors on tensile properties of bobbin tool friction stir-welded 2219-T87 aluminum alloy', International Journal of Advanced Manufacturing Technology, vol. 90, pp. 1105-1118.

144. Zhu, C, Xu, S, Gao, W, Meng, Y, Lin, S & Dai, L 2003, 'Microstructure characteristics and mechanical properties of Al/Mg joints manufactured by magnetic pulse welding', Journal of Magnesium and Alloys, vol. 11, no. 7, pp. 2366-2375.

Printed by Books on Demand GmbH, Norderstedt / Germany